建筑装饰制图与习题（下）

主编　张玉萍　张文会

中国建材工业出版社

目　　录

1-1　字体练习。

建筑制图标准规定幅面字体线型宽长高投影透视尺

寸民用东西南北正水平侧墙梁板柱圆锥截交相贯台

钢筋混凝土顶泥砂浆比例号实虚轮廓承重框架结构

制图基本知识	班级		姓名		学号		1

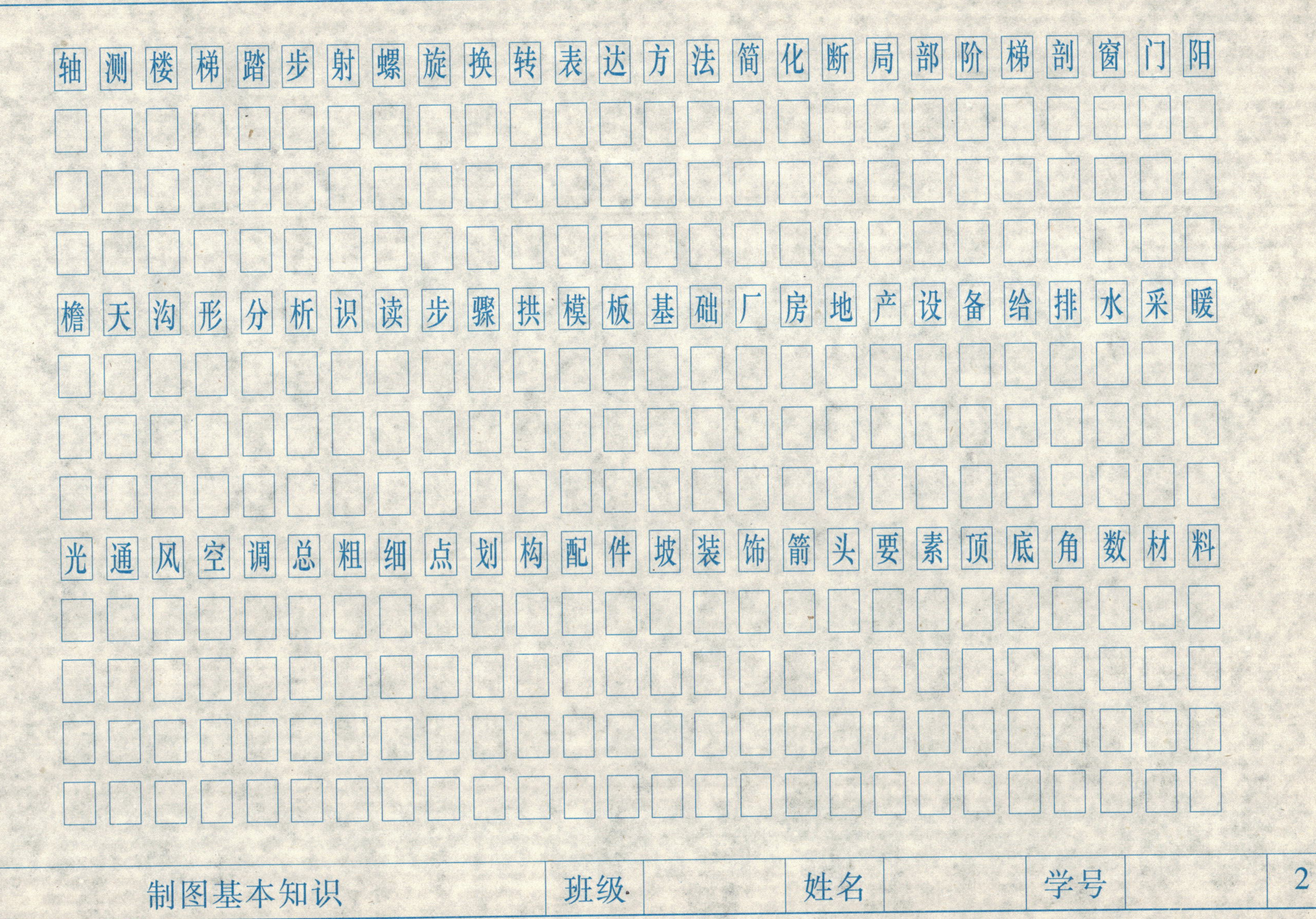

制图基本知识	班级		姓名		学号		2

ABCDEFGHIJKLMNOPQRSTUVWXYZ

abcdefghijklmnopqrstuvwxyz

0123456789 *0123456789*

ABCDEFGHWXYabcdefghwxy

制图基本知识	班级		姓名		学号		3

1-2　用 A3 幅面 1:1 比例抄绘所给图样。注意线型及画法，并应符合制图标准。图名：线型练习。

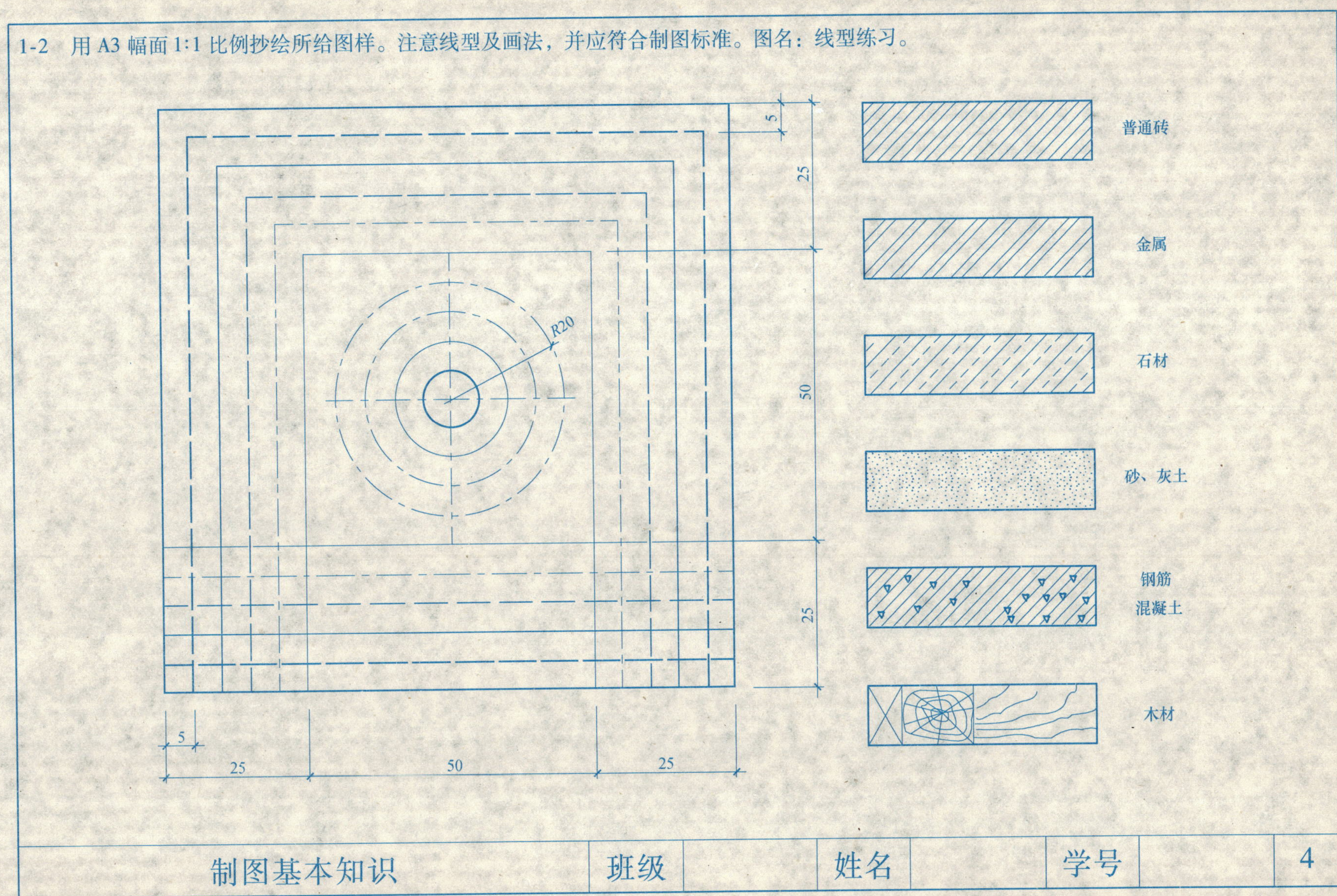

制图基本知识	班级		姓名		学号		4

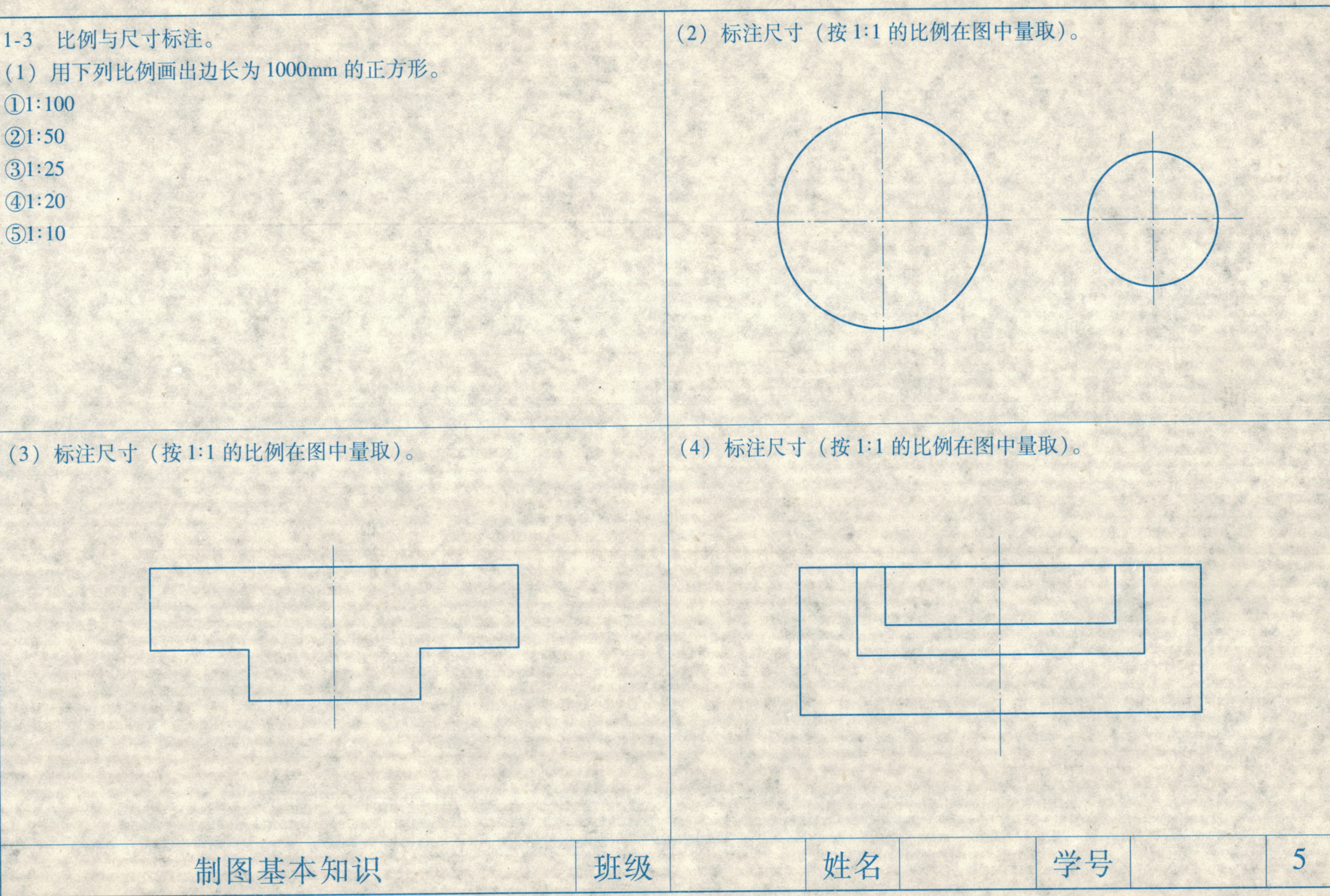

1-3　比例与尺寸标注。

（1）用下列比例画出边长为1000mm的正方形。

①1∶100

②1∶50

③1∶25

④1∶20

⑤1∶10

（2）标注尺寸（按1∶1的比例在图中量取）。

（3）标注尺寸（按1∶1的比例在图中量取）。

（4）标注尺寸（按1∶1的比例在图中量取）。

制图基本知识	班级		姓名		学号		5

1-4　按 1:1 的比例抄绘所给图形并标注尺寸。

R3
R5
R10
6
31
31

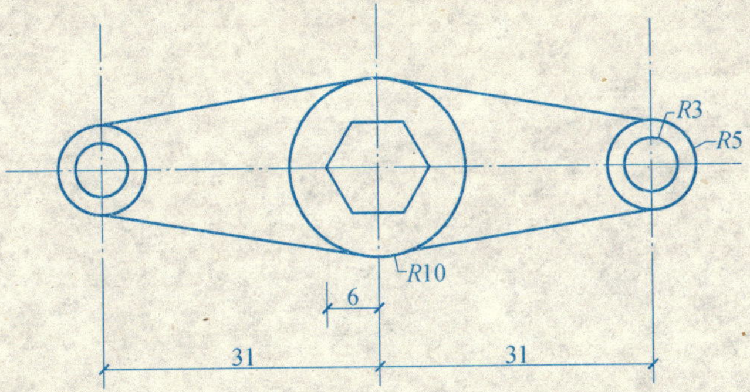

1-5　按 1:1 的比例抄绘所给图形并标注尺寸。

4
R3
R3
R5
R10
6
12
12
6
36
6
12
12
6
36

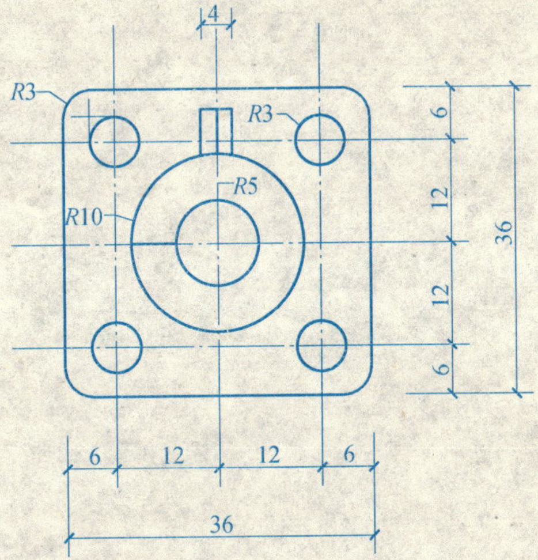

1-6　绘制椭圆，长轴 100，短轴 60，并标注尺寸。

1-7　绘制圆内接正六边形和正五边形，圆的直径 50。

1-8 用A3幅面选取适当比例抄绘下面的图形，要求线型分明，交接正确，连接光滑。

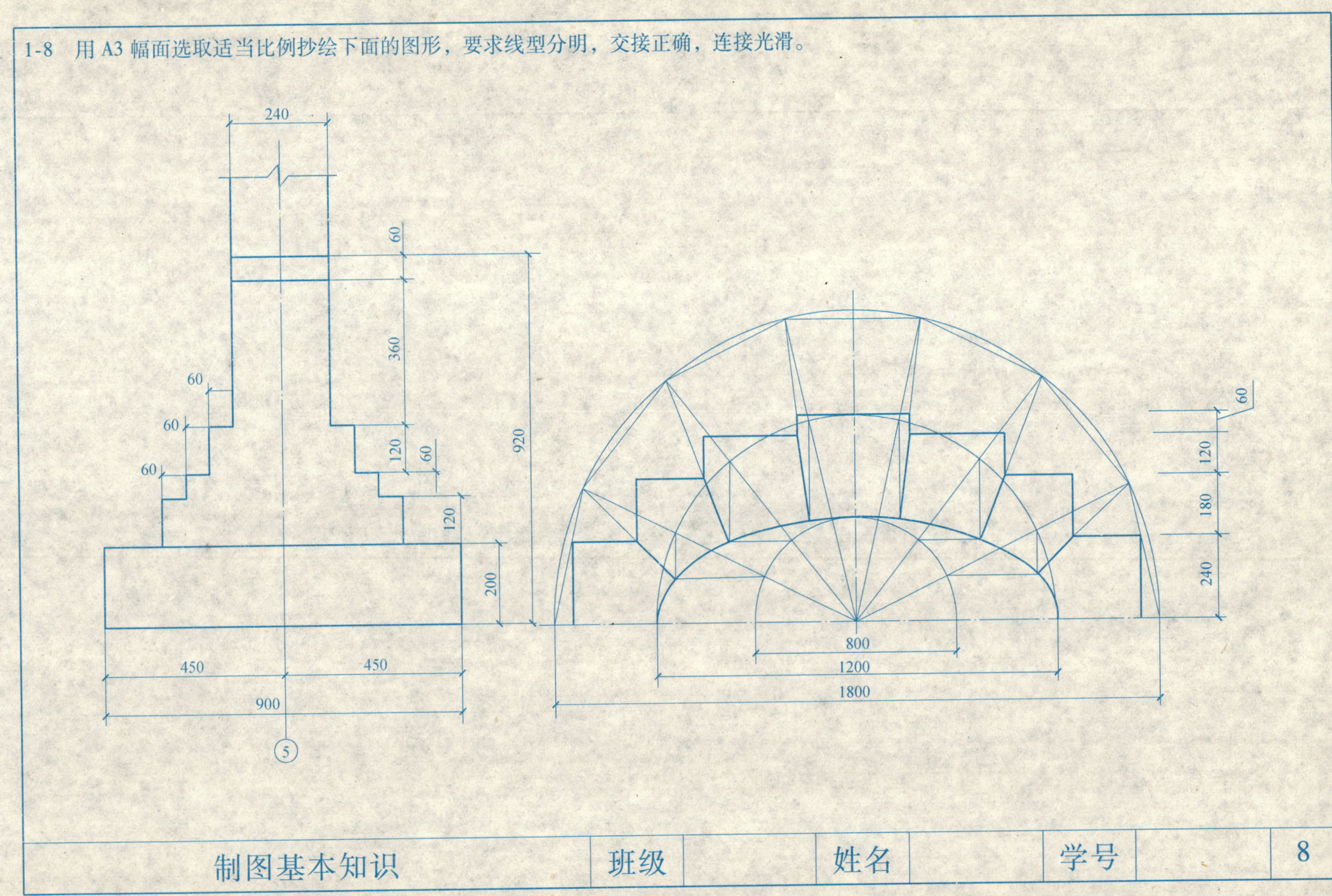

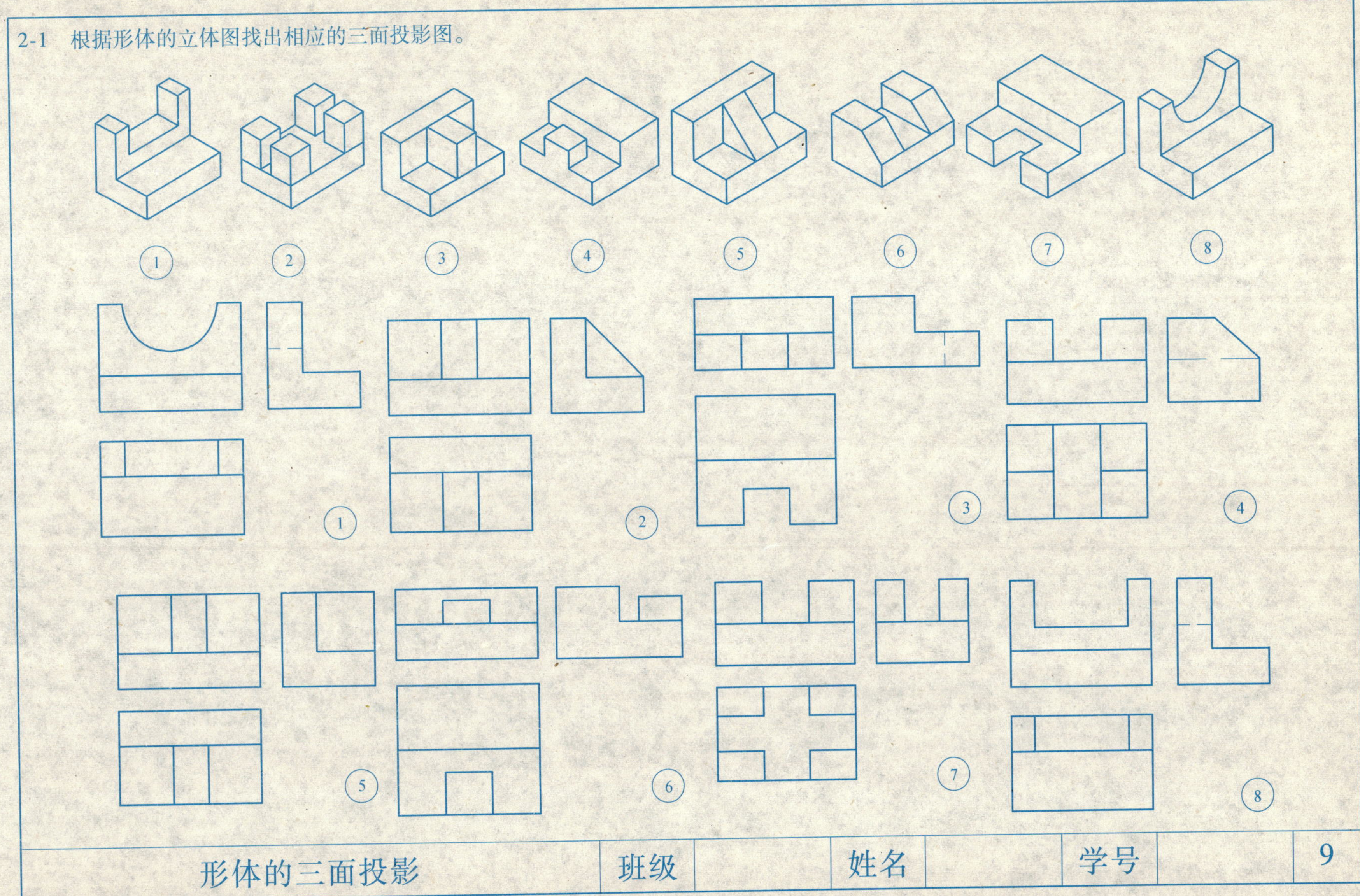
2-1　根据形体的立体图找出相应的三面投影图。
1
2
3
4
5
6
7
8
形体的三面投影
班级
姓名
学号
9

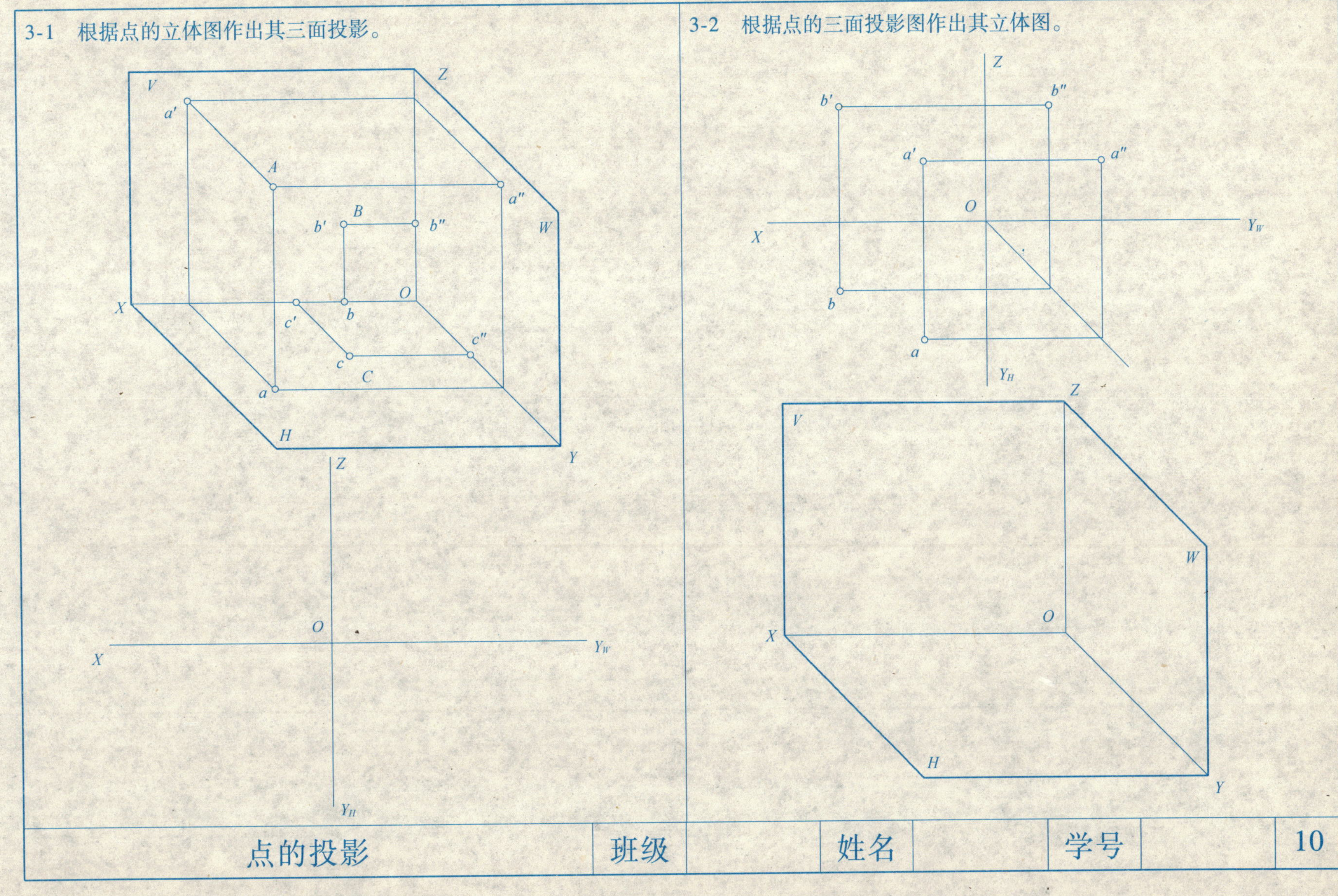
3-1　根据点的立体图作出其三面投影。
V
Z
a′
A
a″
B
b′
b″
W
X
O
c′
b
c″
c
C
a
H
Y
Z
O
X
Y_W
Y_H
3-2　根据点的三面投影图作出其立体图。
Z
b′
b″
a′
a″
O
X
Y_W
b
a
Y_H
Z
V
W
O
X
H
Y
点的投影
班级
姓名
学号
10

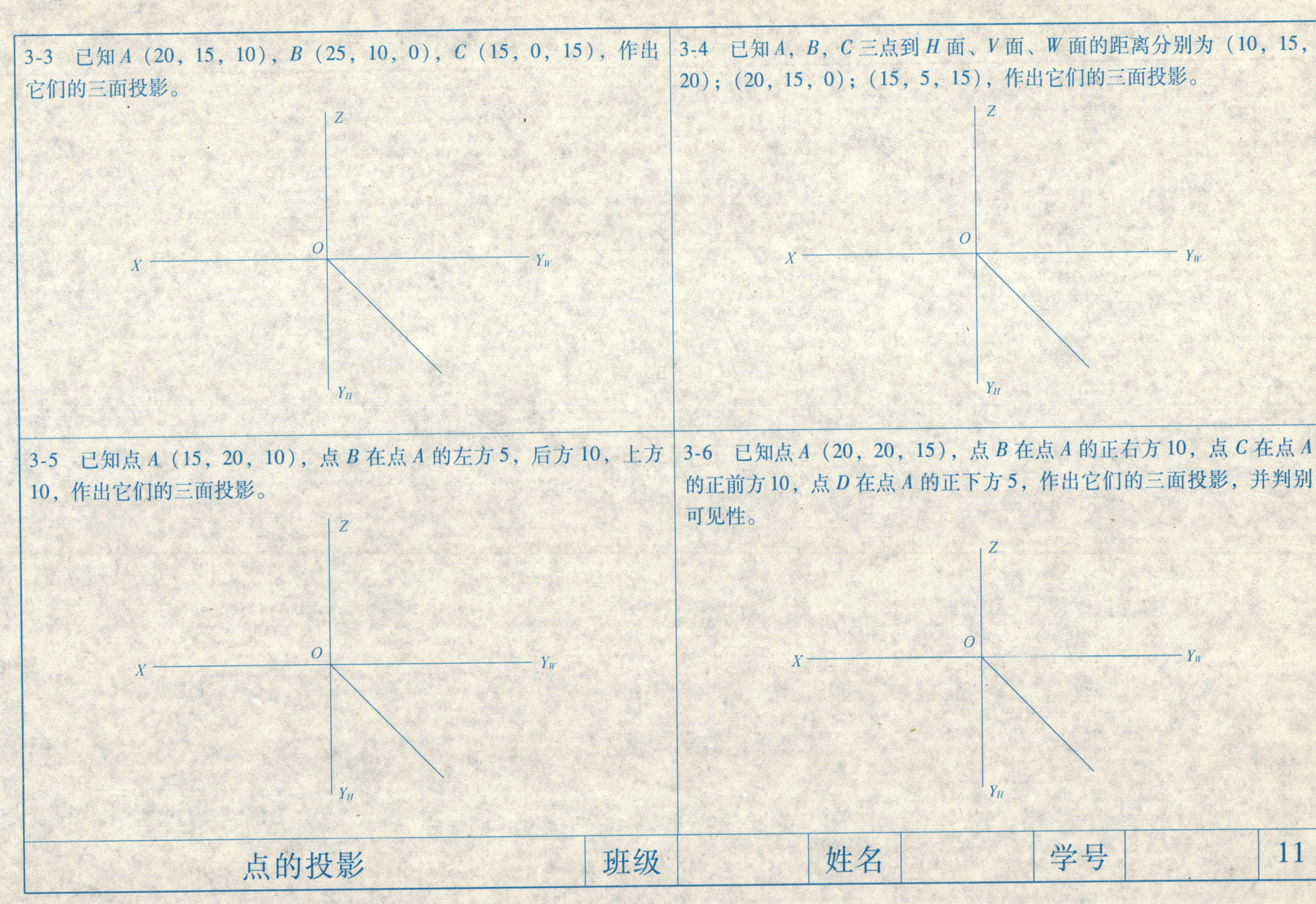

3-3 已知 A（20，15，10），B（25，10，0），C（15，0，15），作出它们的三面投影。

3-4 已知 A，B，C 三点到 H 面、V 面、W 面的距离分别为（10，15，20）；（20，15，0）；（15，5，15），作出它们的三面投影。

3-5 已知点 A（15，20，10），点 B 在点 A 的左方 5，后方 10，上方 10，作出它们的三面投影。

3-6 已知点 A（20，20，15），点 B 在点 A 的正右方 10，点 C 在点 A 的正前方 10，点 D 在点 A 的正下方 5，作出它们的三面投影，并判别可见性。

点的投影	班级		姓名		学号		11

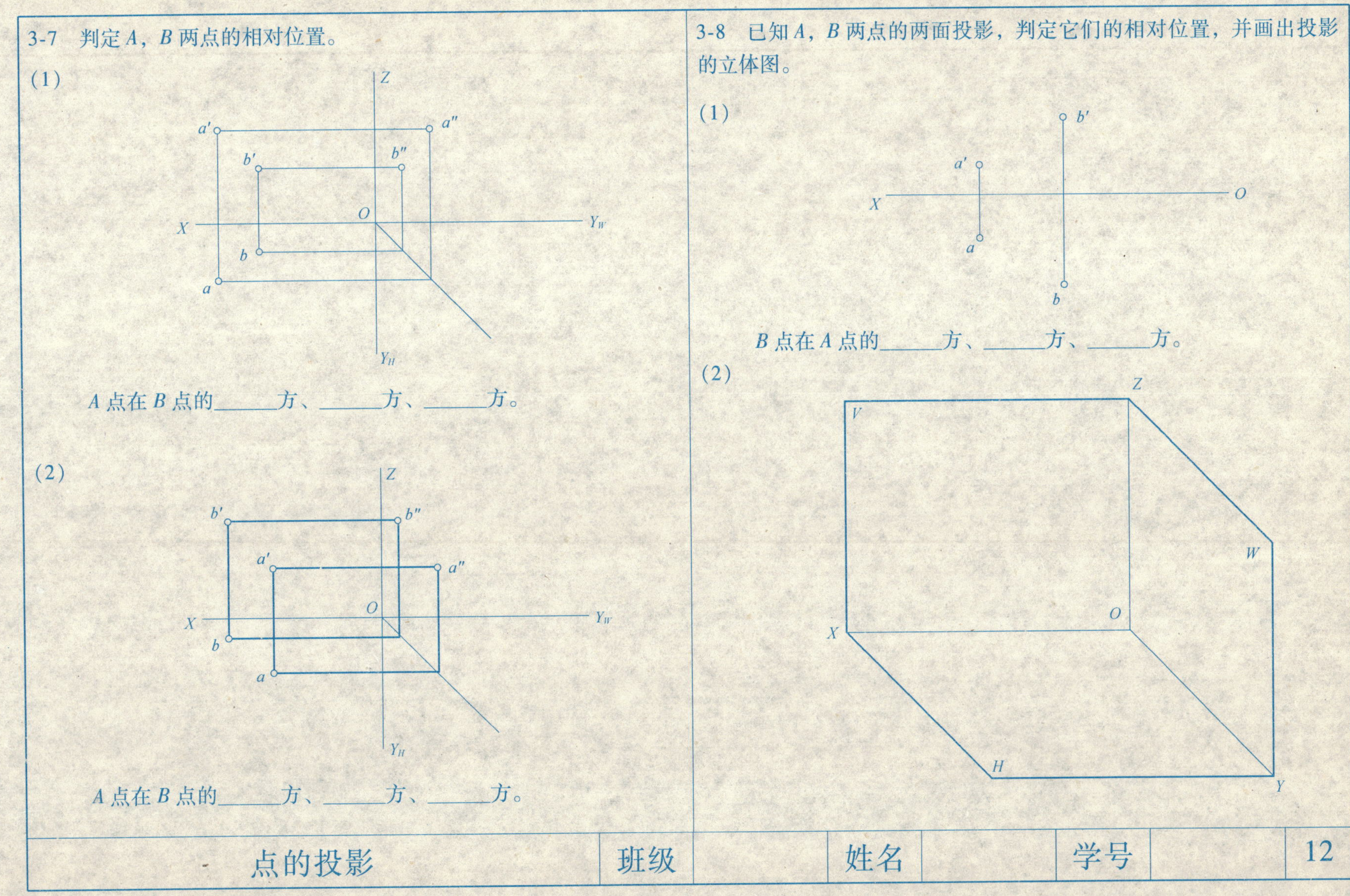

3-7 判定 A，B 两点的相对位置。

(1)

A 点在 B 点的______方、______方、______方。

(2)

A 点在 B 点的______方、______方、______方。

3-8 已知 A，B 两点的两面投影，判定它们的相对位置，并画出投影的立体图。

(1)

B 点在 A 点的______方、______方、______方。

(2)

点的投影	班级		姓名		学号		12

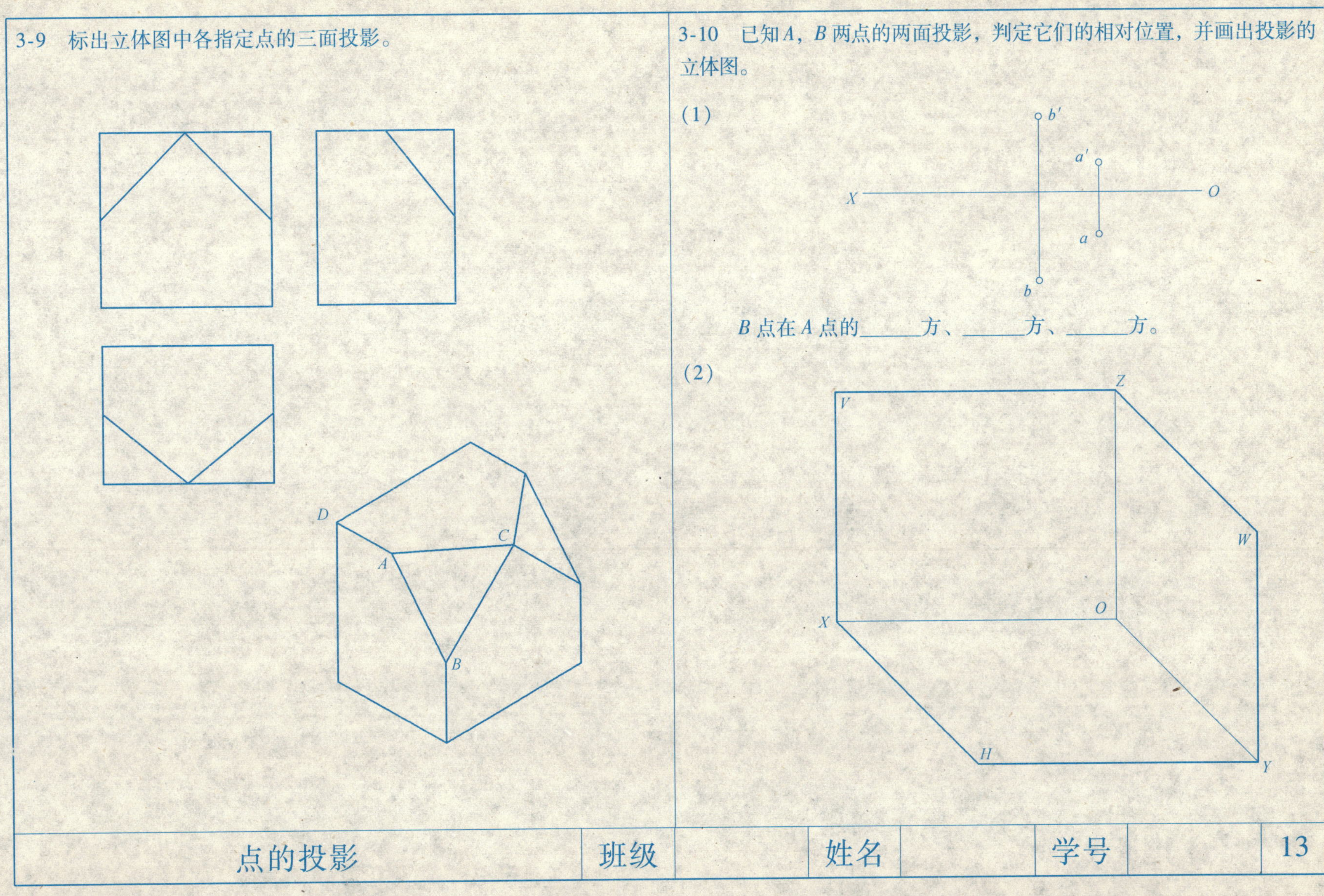

3-9　标出立体图中各指定点的三面投影。

3-10　已知 *A*，*B* 两点的两面投影，判定它们的相对位置，并画出投影的立体图。

(1)

B 点在 *A* 点的______方、______方、______方。

(2)

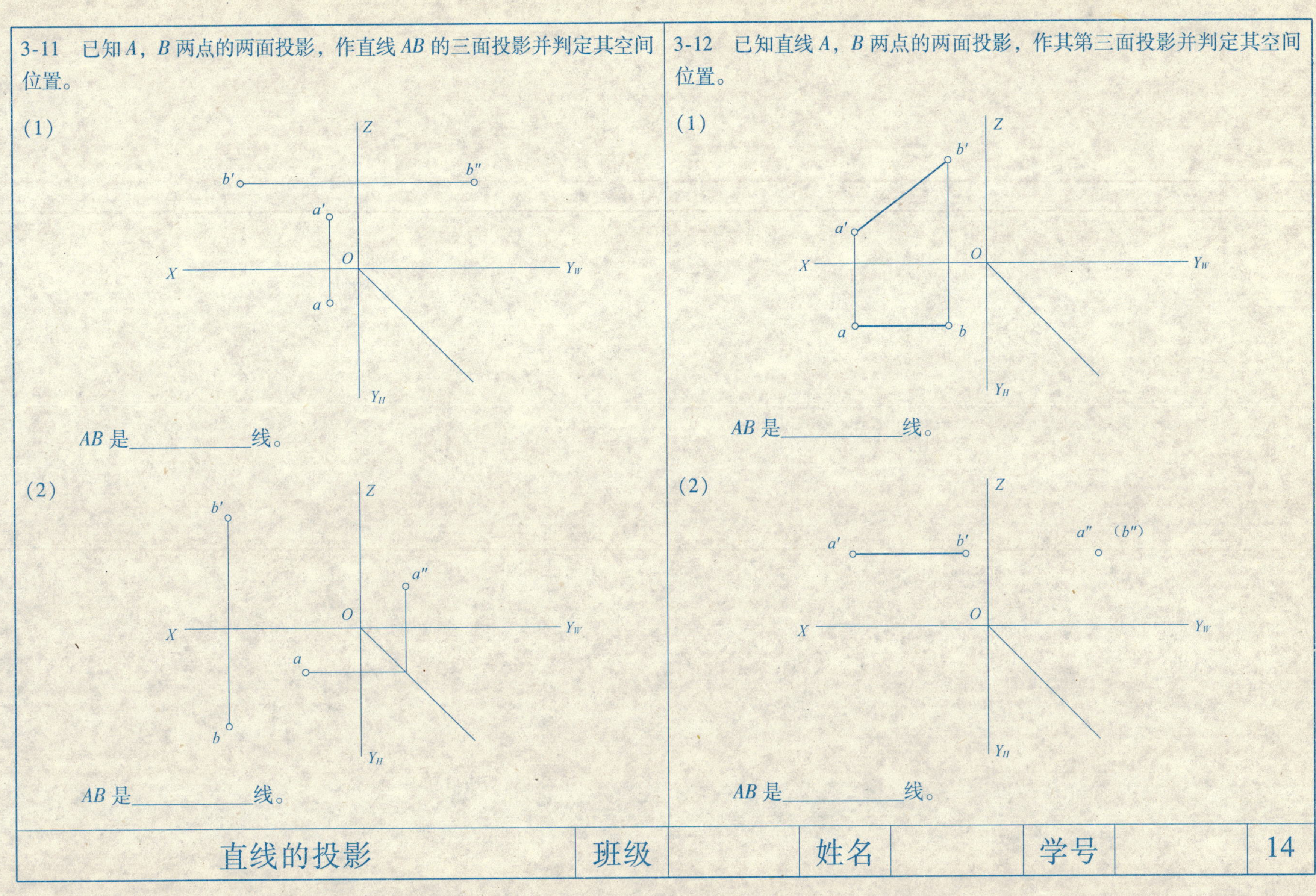

3-11　已知 A，B 两点的两面投影，作直线 AB 的三面投影并判定其空间位置。

(1)

AB 是____________线。

(2)

AB 是____________线。

3-12　已知直线 A，B 两点的两面投影，作其第三面投影并判定其空间位置。

(1)

AB 是____________线。

(2)

AB 是____________线。

直线的投影	班级		姓名		学号		14

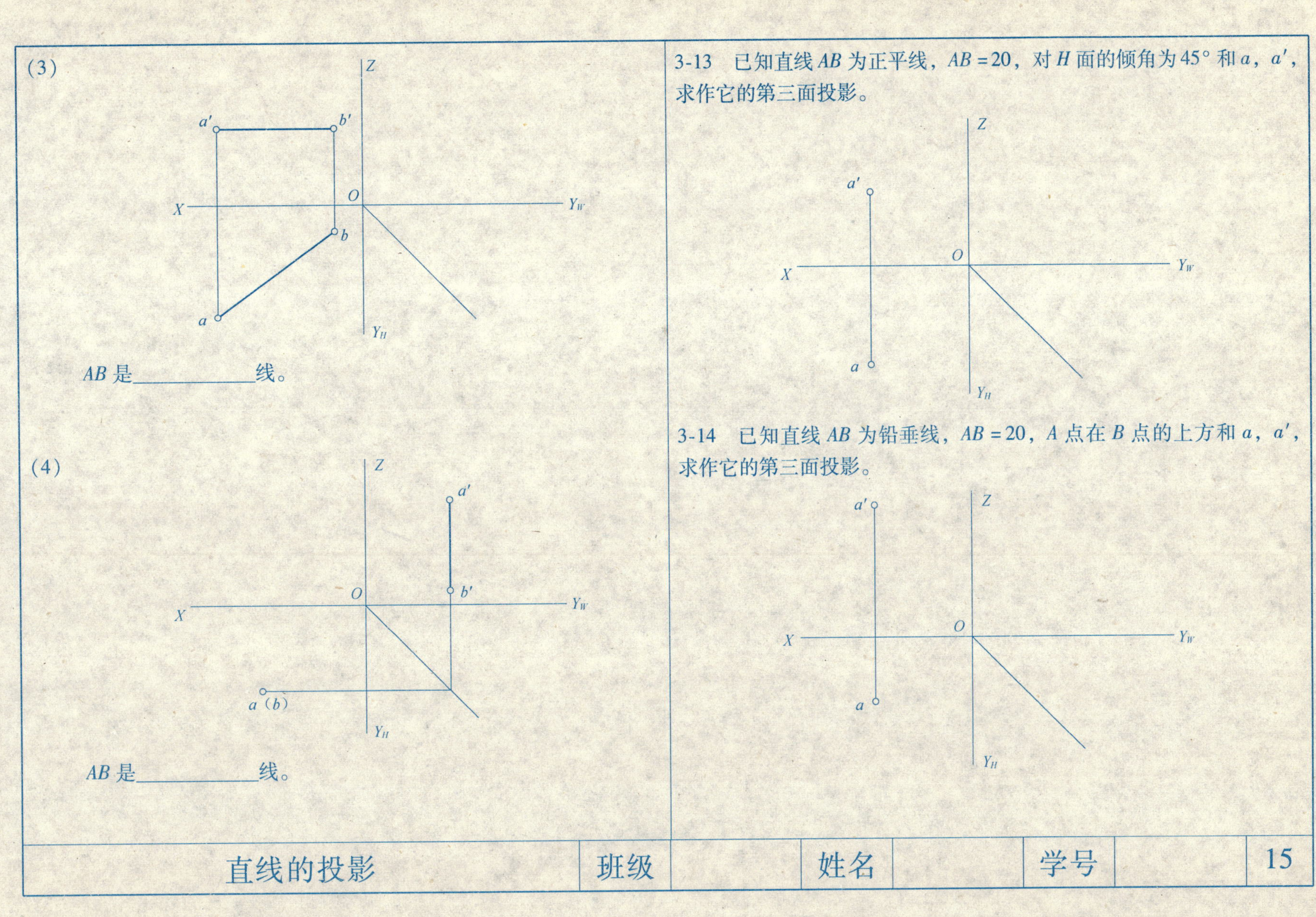

(3)

AB 是__________线。

(4)

AB 是__________线。

3-13　已知直线 AB 为正平线，AB＝20，对 H 面的倾角为 45° 和 a，a′，求作它的第三面投影。

3-14　已知直线 AB 为铅垂线，AB＝20，A 点在 B 点的上方和 a，a′，求作它的第三面投影。

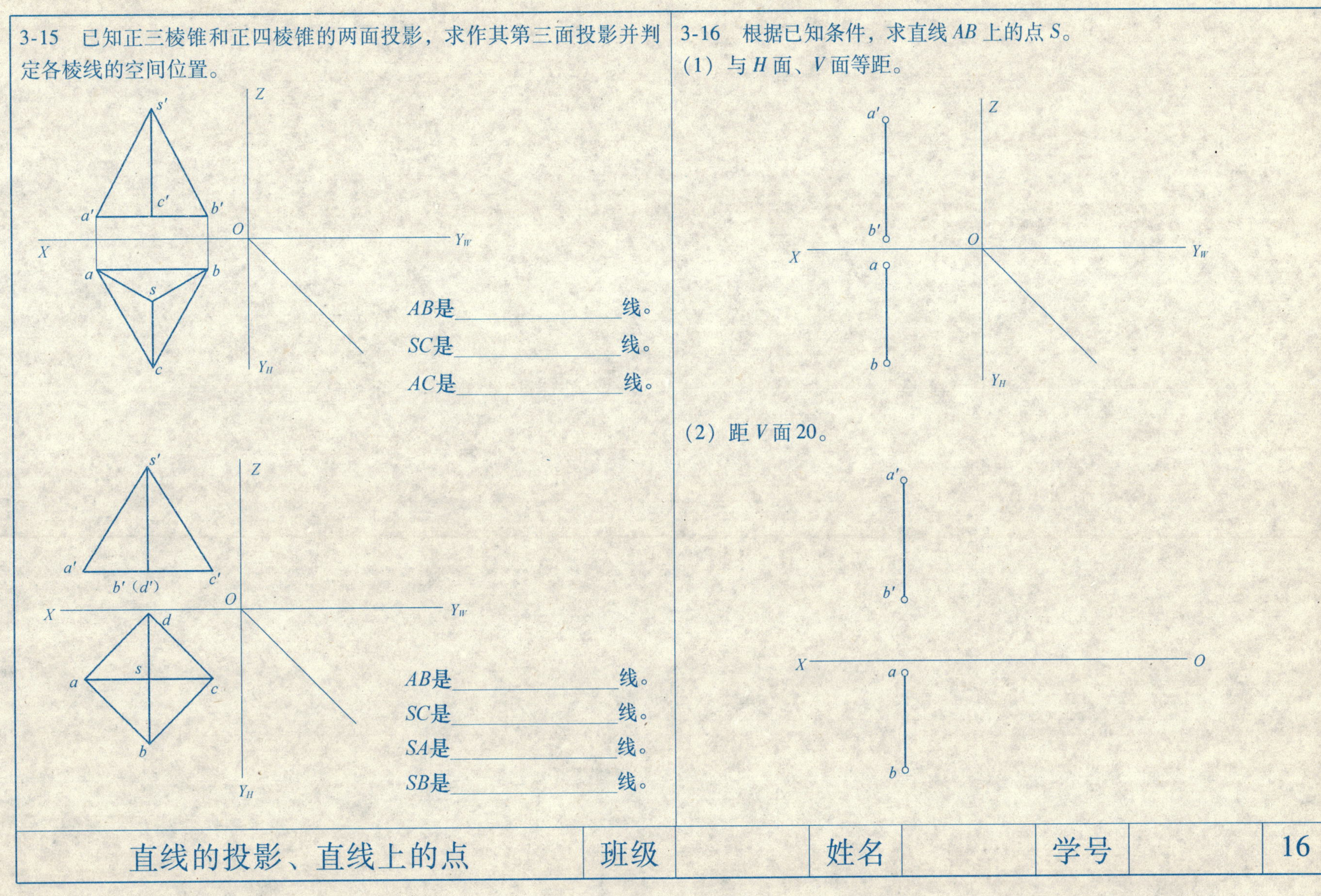
3-15 已知正三棱锥和正四棱锥的两面投影，求作其第三面投影并判定各棱线的空间位置。
Z
s′
c′
a′
b′
O
X
Y_W
a
b
s
c
Y_H
AB是________线。
SC是________线。
AC是________线。
s′
Z
a′
b′（d′）
c′
O
X
Y_W
d
s
a
c
b
Y_H
AB是________线。
SC是________线。
SA是________线。
SB是________线。
3-16 根据已知条件，求直线 AB 上的点 S。
（1）与 H 面、V 面等距。
a′
Z
b′
O
X
Y_W
a
b
Y_H
（2）距 V 面 20。
a′
b′
X
O
a
b
直线的投影、直线上的点
班级
姓名
学号
16

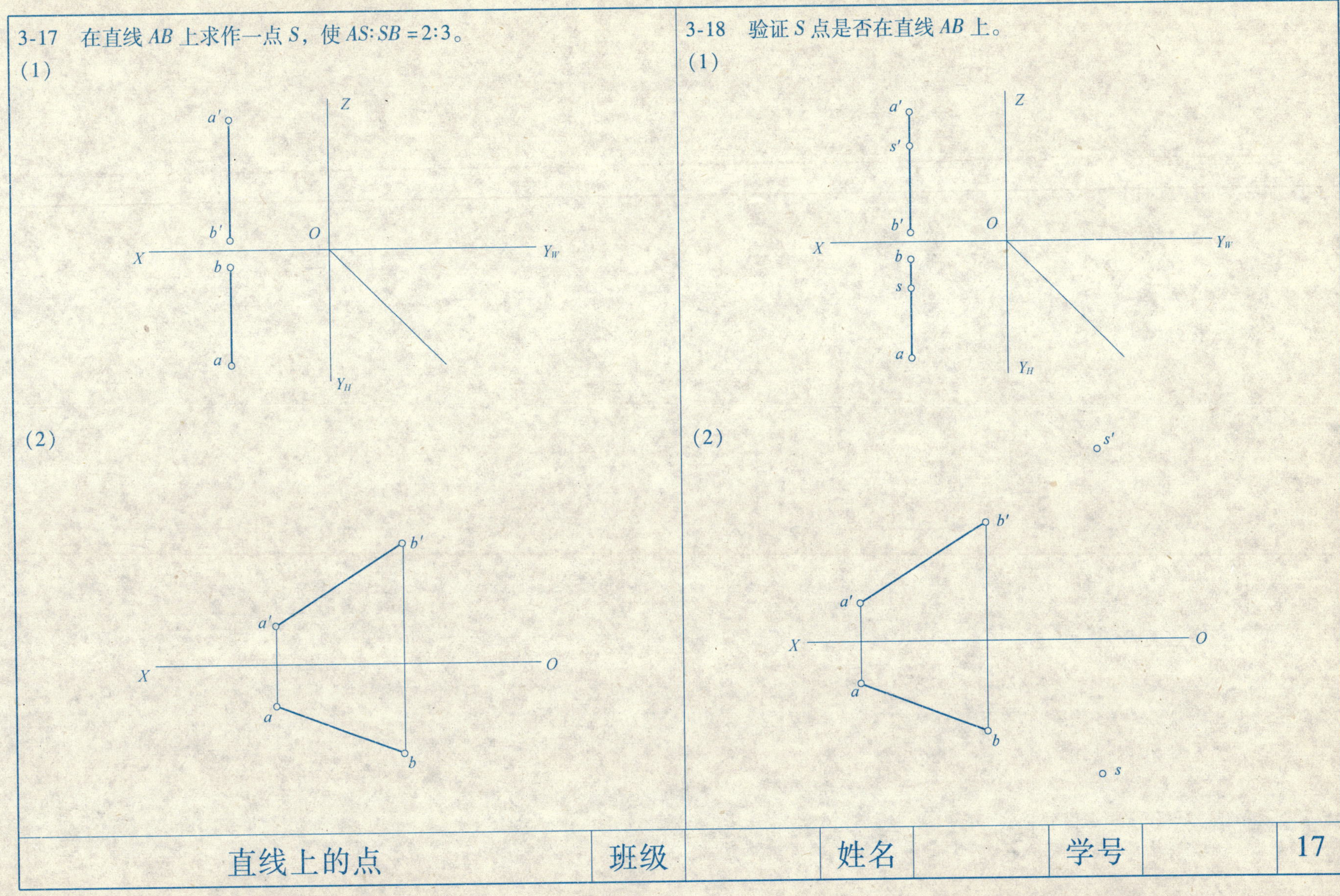

3-17　在直线 AB 上求作一点 S，使 $AS:SB=2:3$。

（1）

（2）

3-18　验证 S 点是否在直线 AB 上。

（1）

（2）

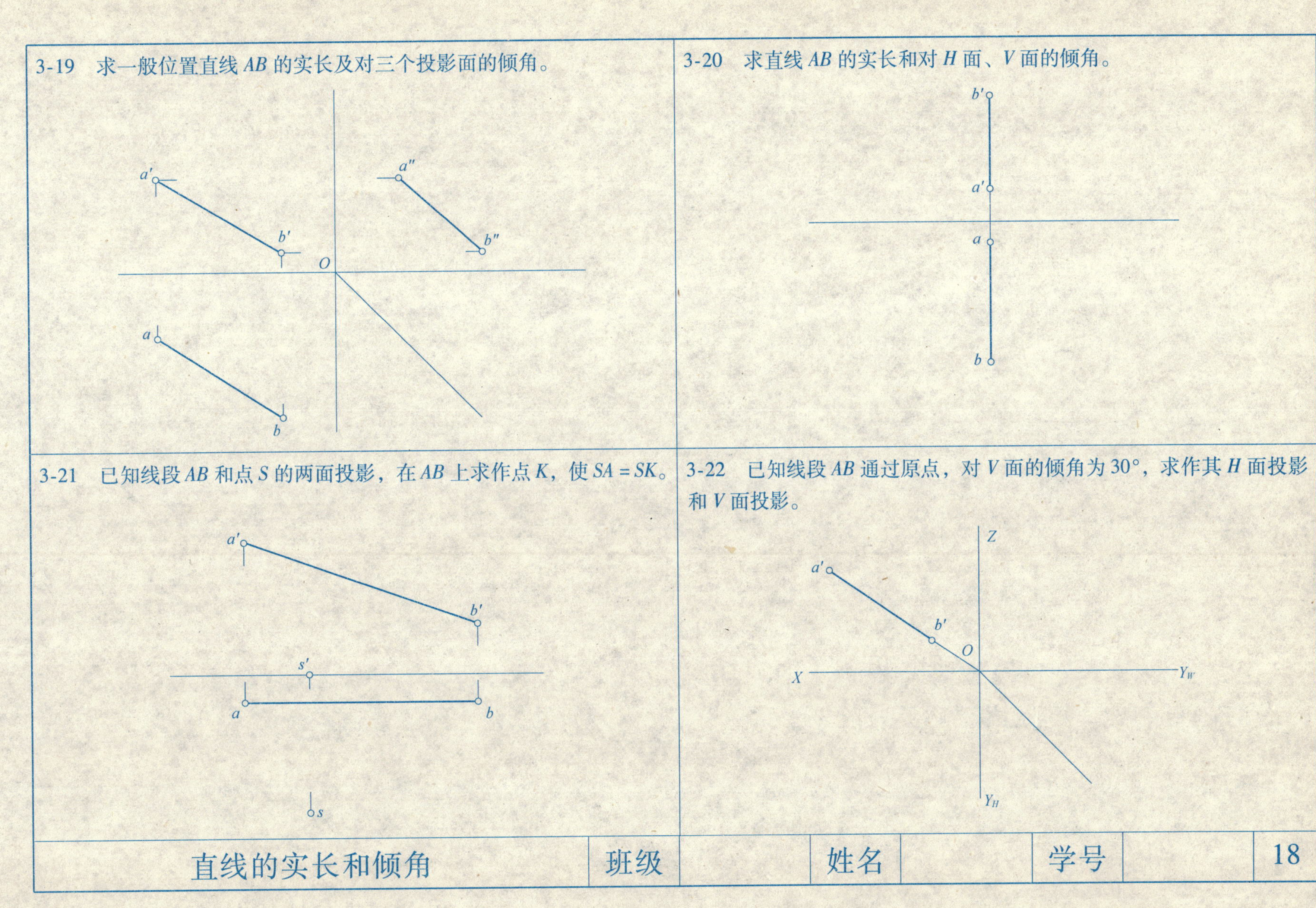
3-19 求一般位置直线 AB 的实长及对三个投影面的倾角。
a′
b′
a″
b″
O
a
b
3-20 求直线 AB 的实长和对 H 面、V 面的倾角。
b′
a′
a
b
3-21 已知线段 AB 和点 S 的两面投影，在 AB 上求作点 K，使 SA = SK。
a′
b′
s′
a
b
s
3-22 已知线段 AB 通过原点，对 V 面的倾角为 30°，求作其 H 面投影和 V 面投影。
Z
a′
b′
O
X
Y_W
Y_H
直线的实长和倾角
班级
姓名
学号
18

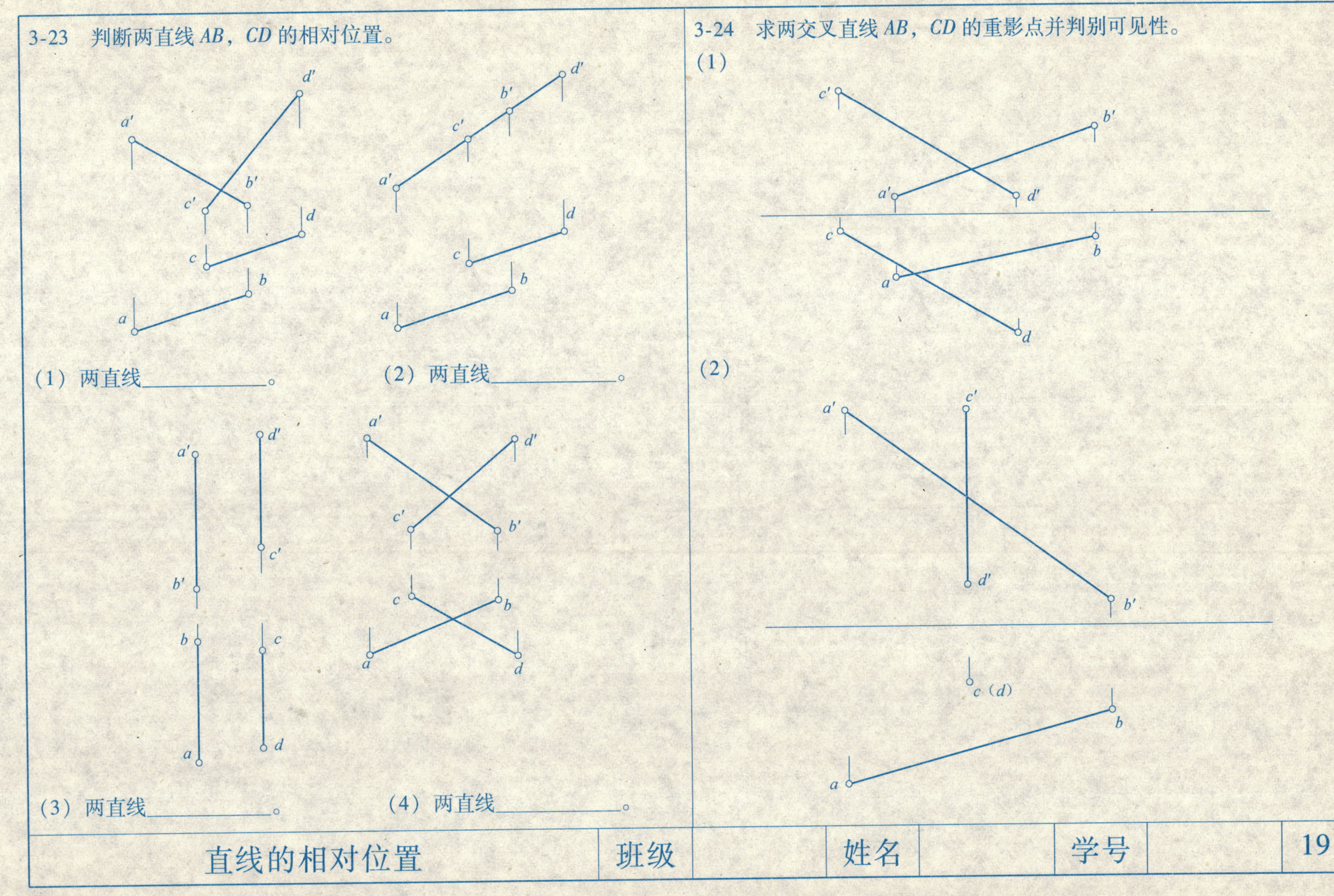

3-23 判断两直线 *AB*，*CD* 的相对位置。

（1）两直线＿＿＿＿＿＿＿。

（2）两直线＿＿＿＿＿＿＿。

（3）两直线＿＿＿＿＿＿＿。

（4）两直线＿＿＿＿＿＿＿。

3-24 求两交叉直线 *AB*，*CD* 的重影点并判别可见性。

（1）

（2）

直线的相对位置	班级		姓名		学号		19

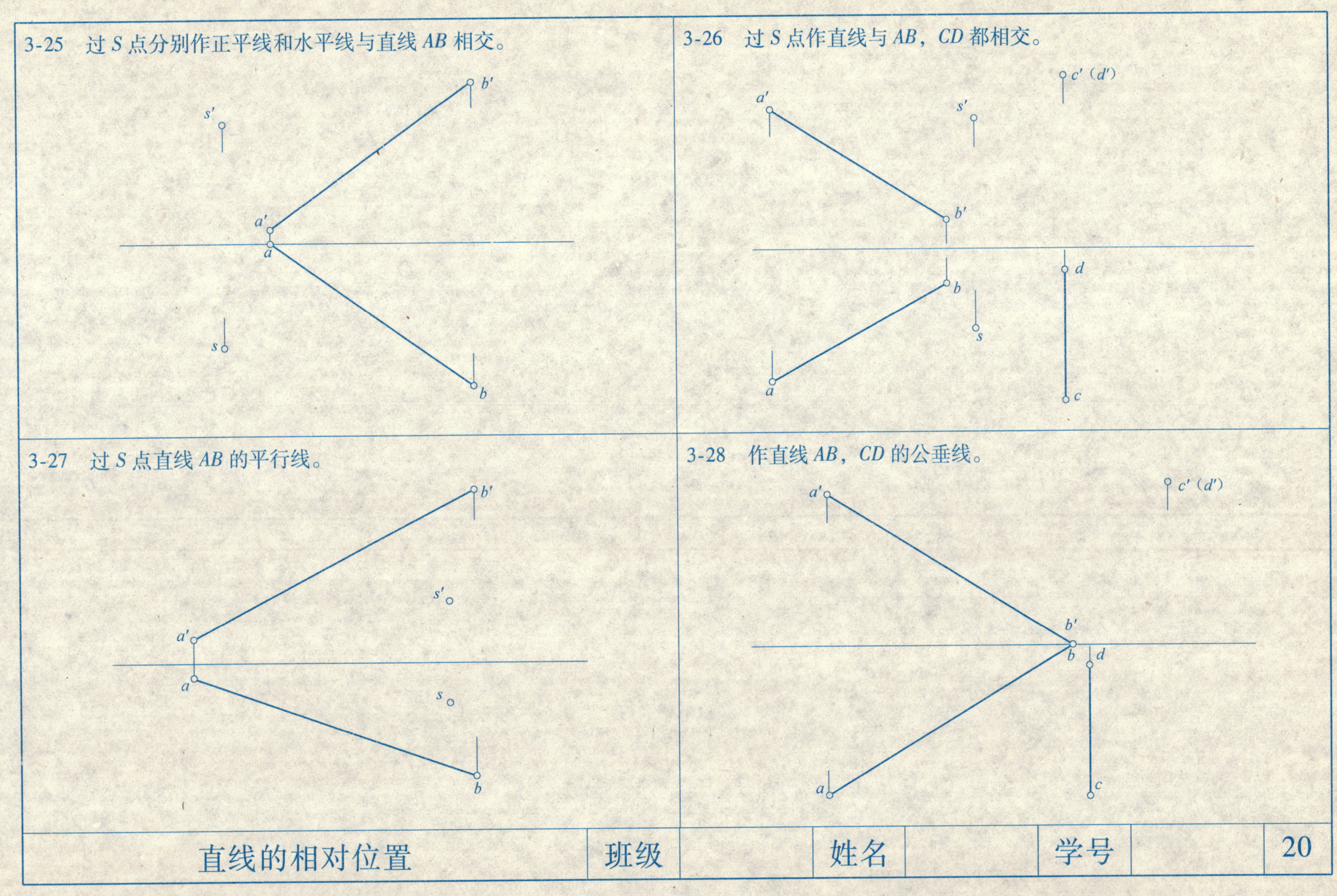
3-25 过 S 点分别作正平线和水平线与直线 AB 相交。
b′
s′
a′
a
s
b
3-26 过 S 点作直线与 AB，CD 都相交。
c′（d′）
a′
s′
b′
d
b
s
a
c
3-27 过 S 点直线 AB 的平行线。
b′
s′
a′
a
s
b
3-28 作直线 AB，CD 的公垂线。
c′（d′）
a′
b′
b
d
c
a
直线的相对位置 班级 姓名 学号 20

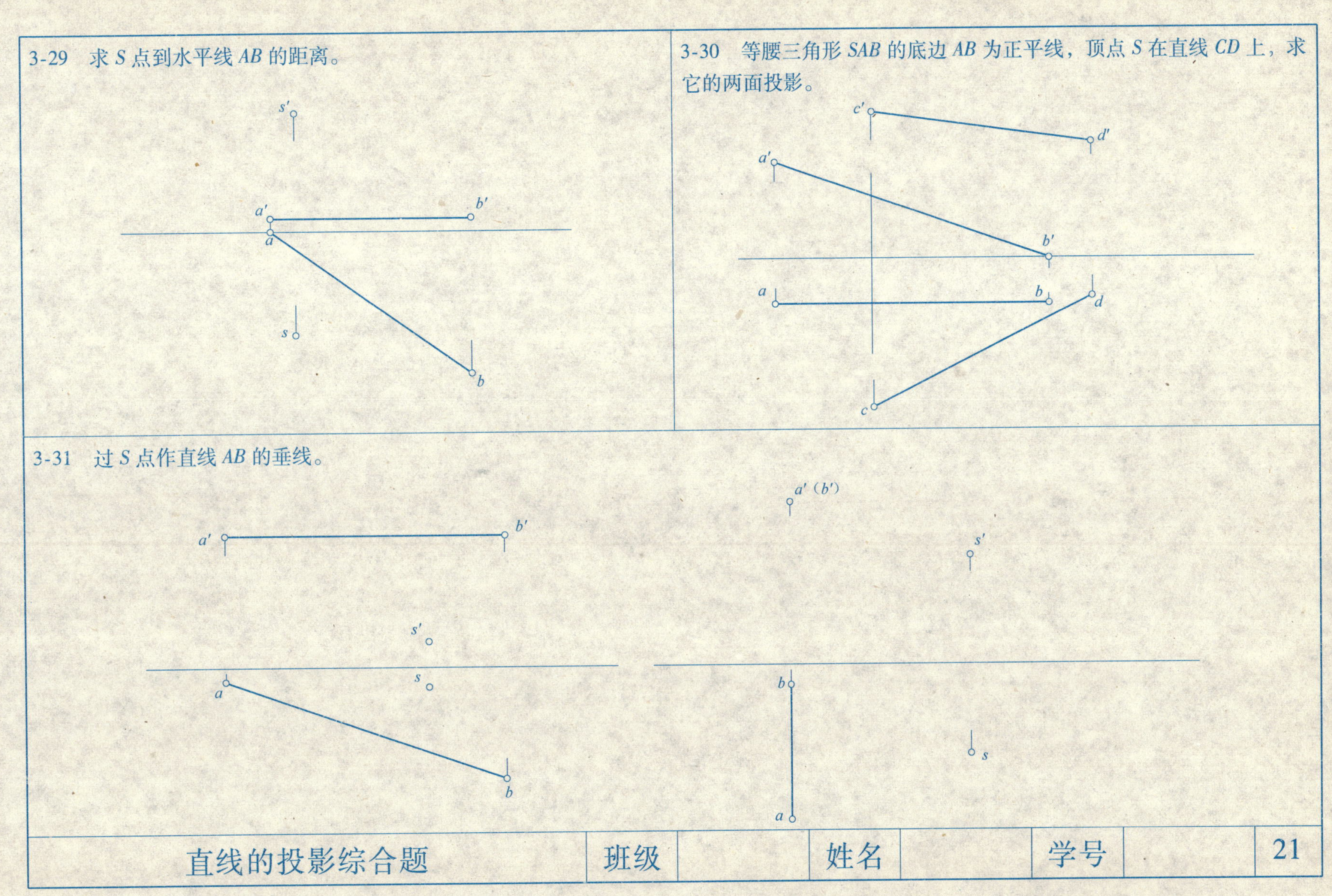

3-29　求 S 点到水平线 AB 的距离。

3-30　等腰三角形 SAB 的底边 AB 为正平线，顶点 S 在直线 CD 上，求它的两面投影。

3-31　过 S 点作直线 AB 的垂线。

3-32　已知平面五边形的 *V* 面投影和 *H* 面投影，补全它的 *H* 面投影。

3-33　已知平行四边形中 *AB* 边为水平线，*AD* 边为正平线，补全它的两面投影。

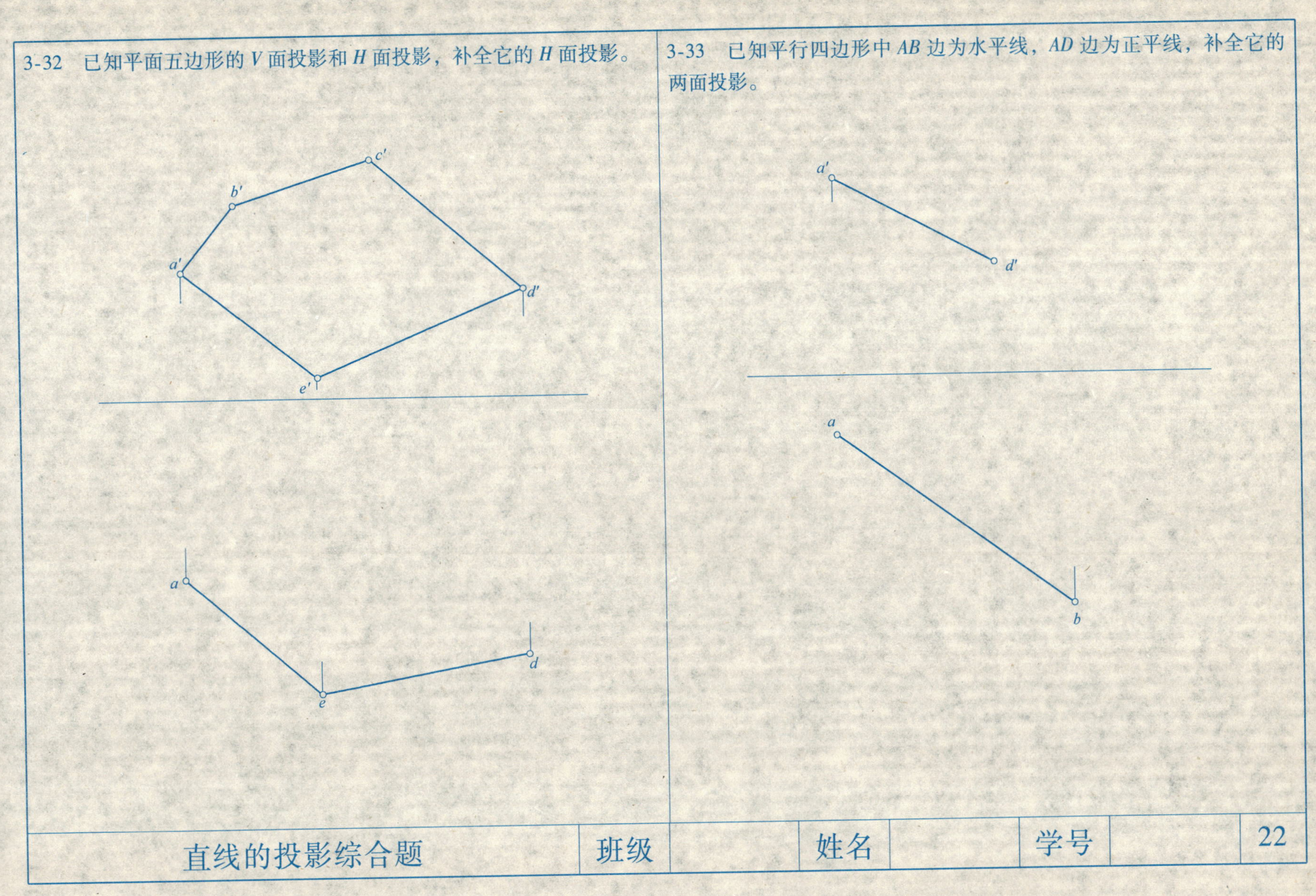

3-34　已知形体的两面投影和立体图，作它的第三面投影并说明形体各表面与投影面的相对位置。

（1）

P 面是__________面。*Q* 面是__________面。

R 面是__________面。*S* 面是__________面。

T 面是__________面。

P Q R S T

（2）

P 面是__________面。*Q* 面是__________面。

R 面是__________面。*S* 面是__________面。

T 面是__________面。

R P Q S T

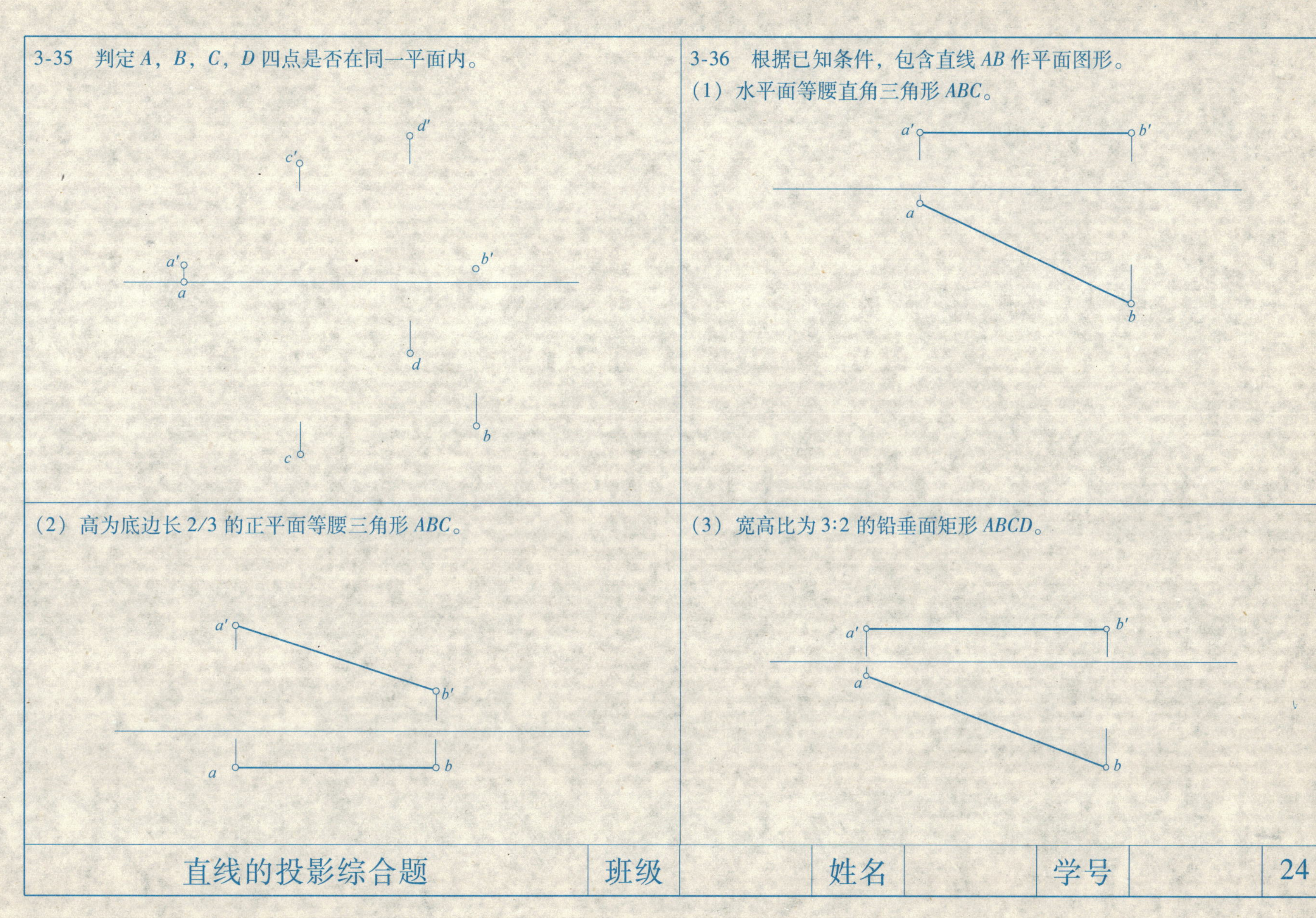
3-35 判定 *A*，*B*，*C*，*D* 四点是否在同一平面内。
d′
c′
a′
b′
a
d
b
c
3-36 根据已知条件，包含直线 *AB* 作平面图形。
（1）水平面等腰直角三角形 *ABC*。
a′
b′
a
b
（2）高为底边长 2/3 的正平面等腰三角形 *ABC*。
a′
b′
a
b
（3）宽高比为 3:2 的铅垂面矩形 *ABCD*。
a′
b′
a
b

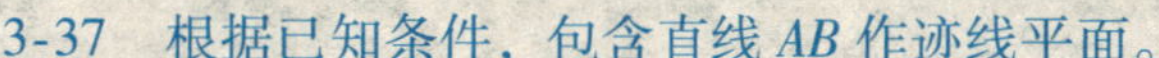

3-37　根据已知条件，包含直线 *AB* 作迹线平面。

（1）铅垂面。

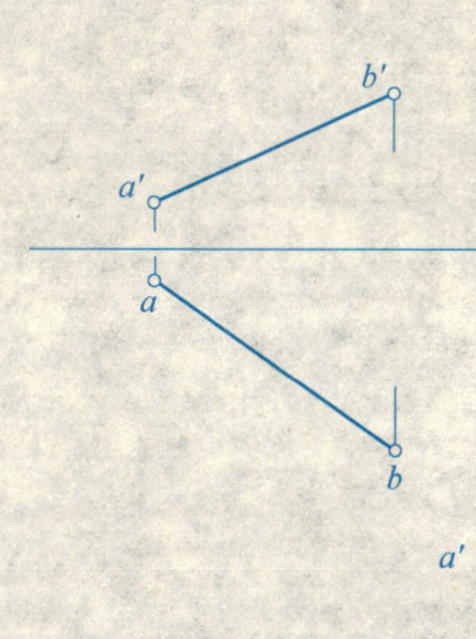

（2）正垂面。

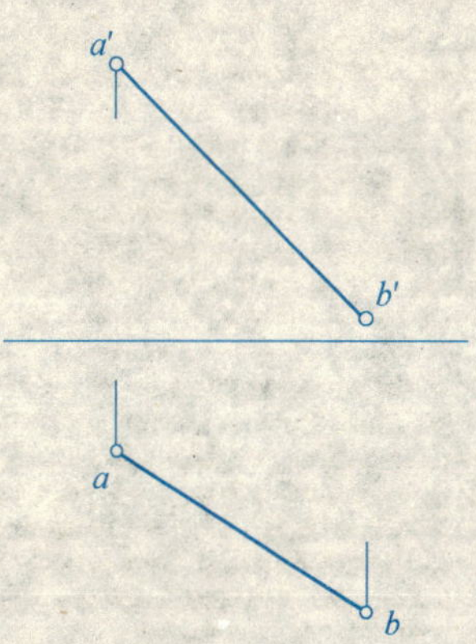

（3）$\alpha=30°$的正垂面。

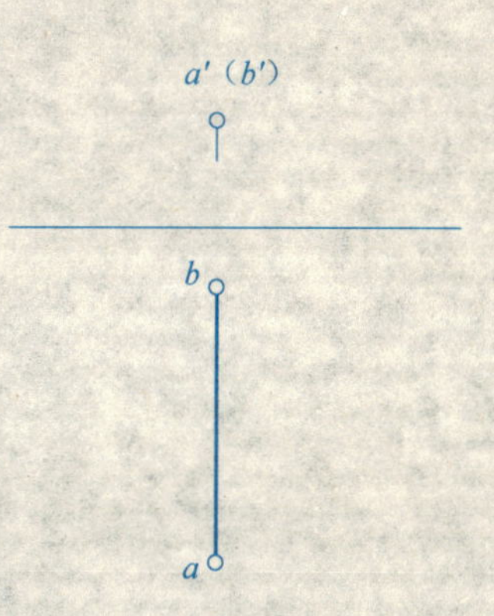

3-38　在三角形 *ABC* 平面内作一点 *S*，使点 *S* 距 *H* 面 20，距 *V* 面 15。

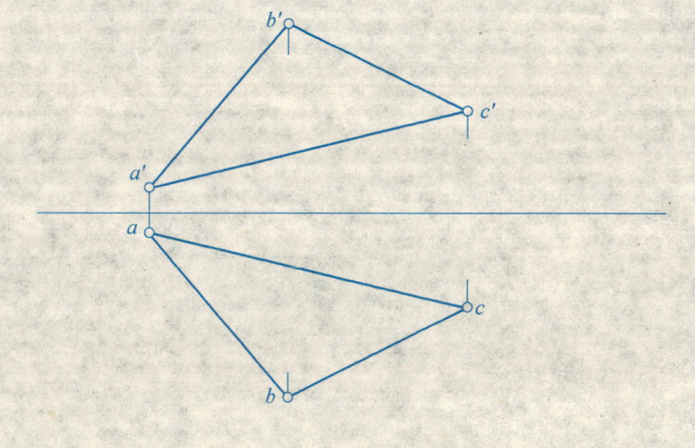

3-39　作三角形 *ABC* 内的一条正平线和一条水平线。

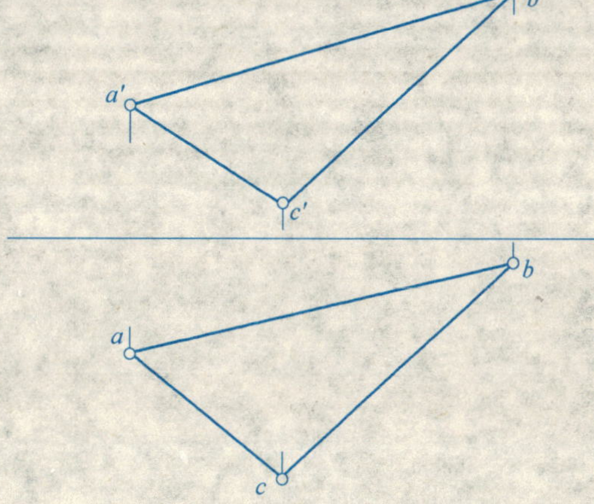

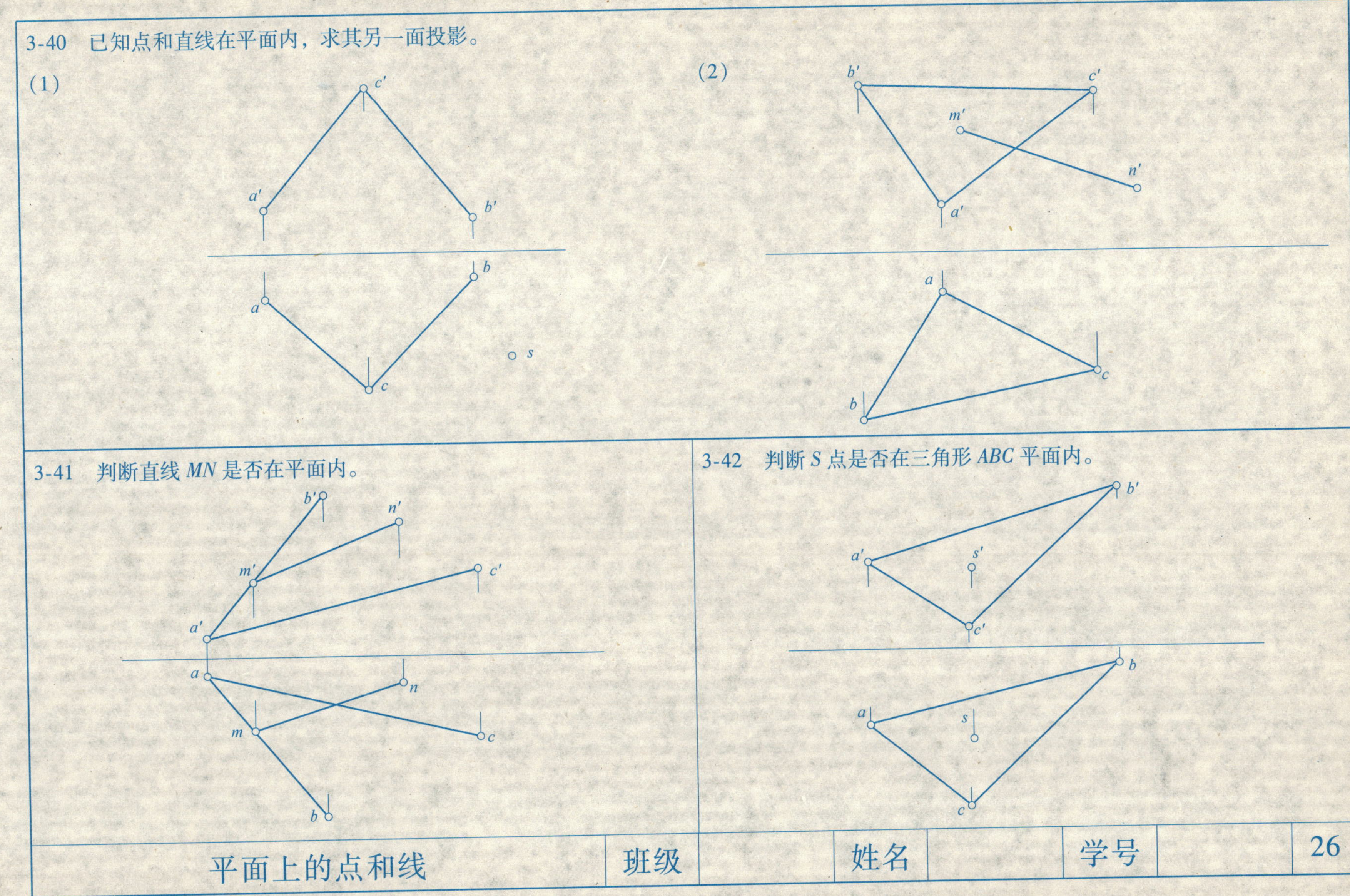

3-40　已知点和直线在平面内，求其另一面投影。

(1)

(2)

3-41　判断直线 *MN* 是否在平面内。

3-42　判断 *S* 点是否在三角形 *ABC* 平面内。

3-43　用最大斜度线法求作平面三角形 *ABC* 对投影面的倾角。

(1) α 角。

(2) β 角。

3-44　判断平面与直线是否平行。

(1)

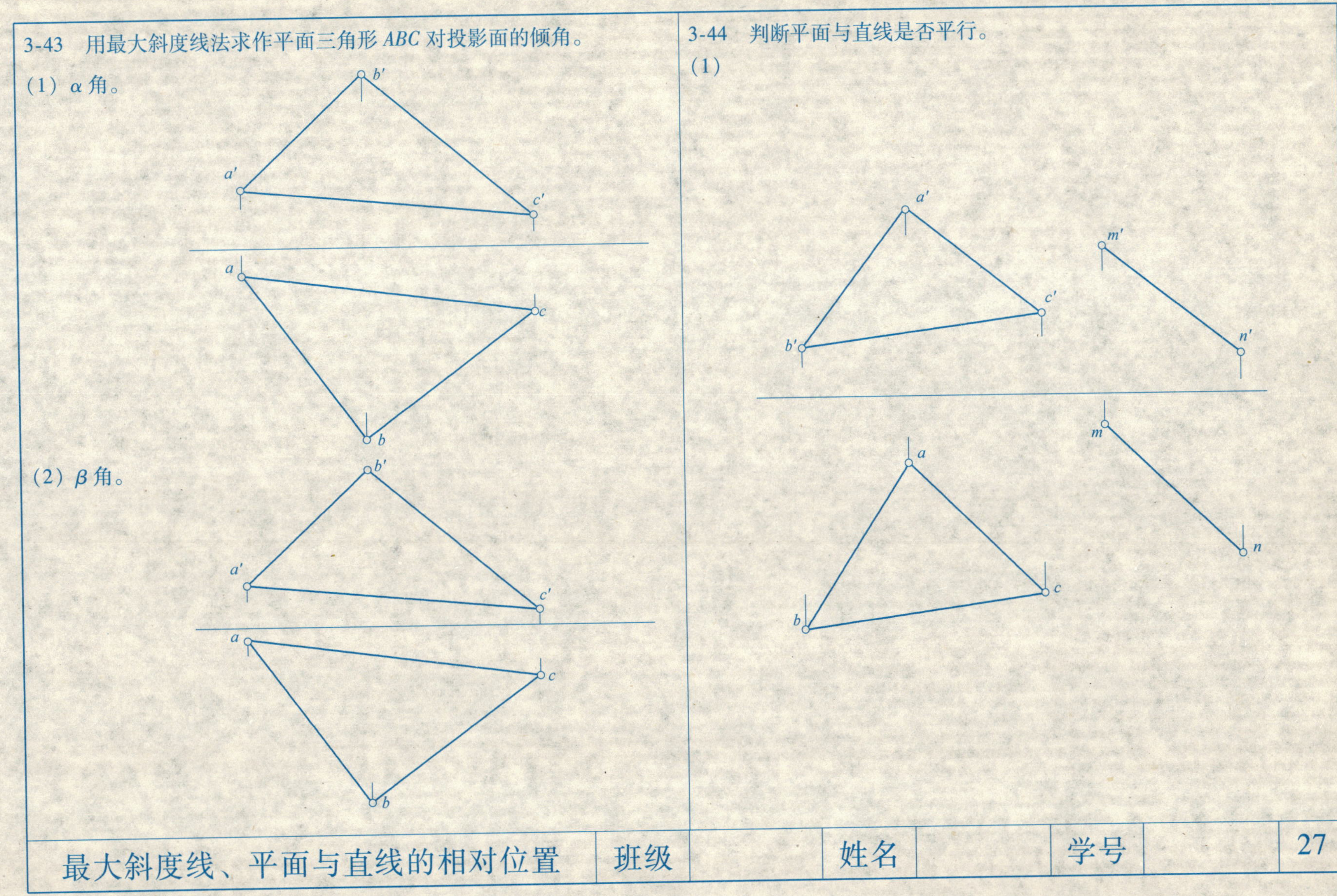

最大斜度线、平面与直线的相对位置	班级		姓名		学号		27

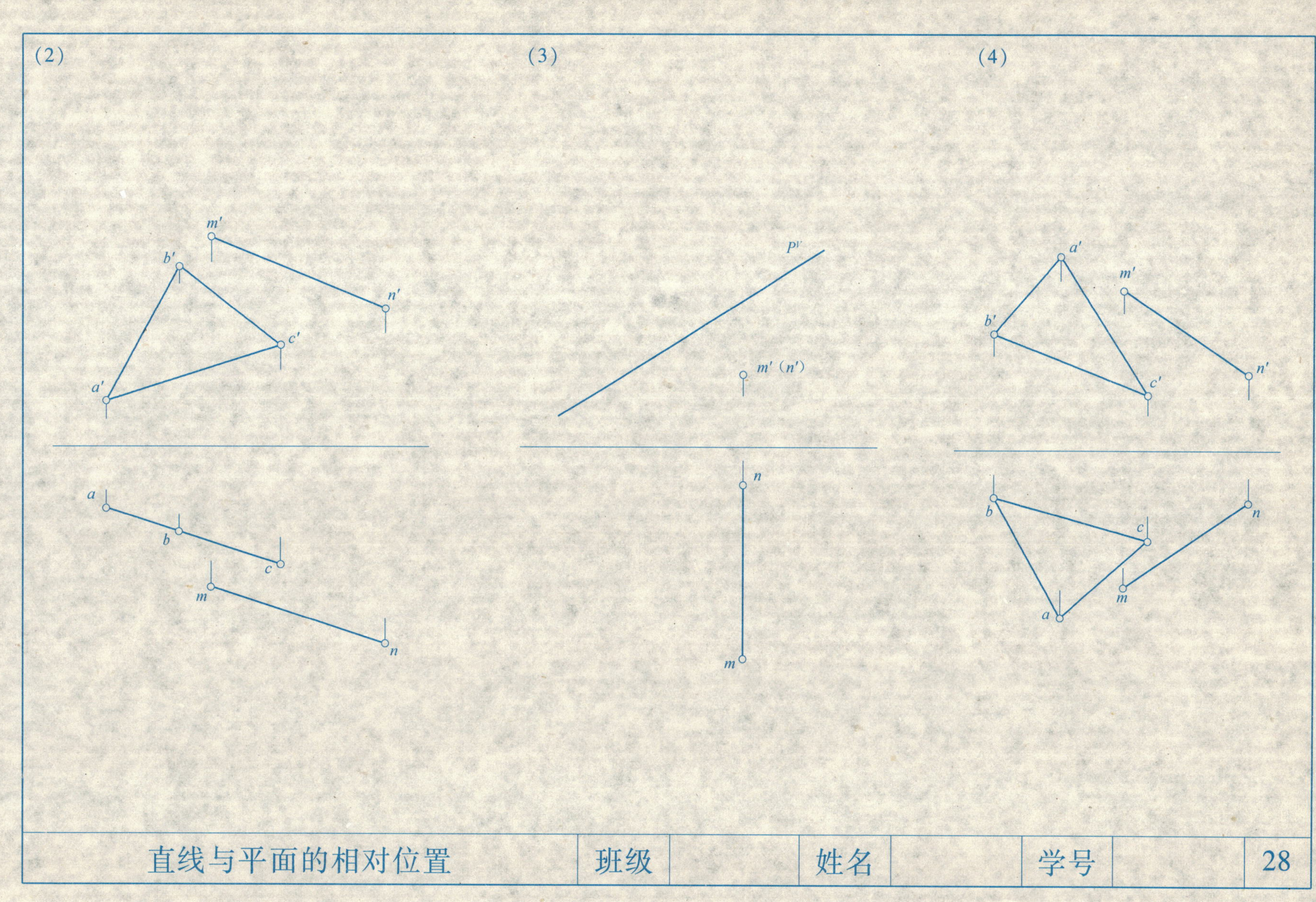

直线与平面的相对位置	班级		姓名		学号		28

3-45 判断两平面是否平行。

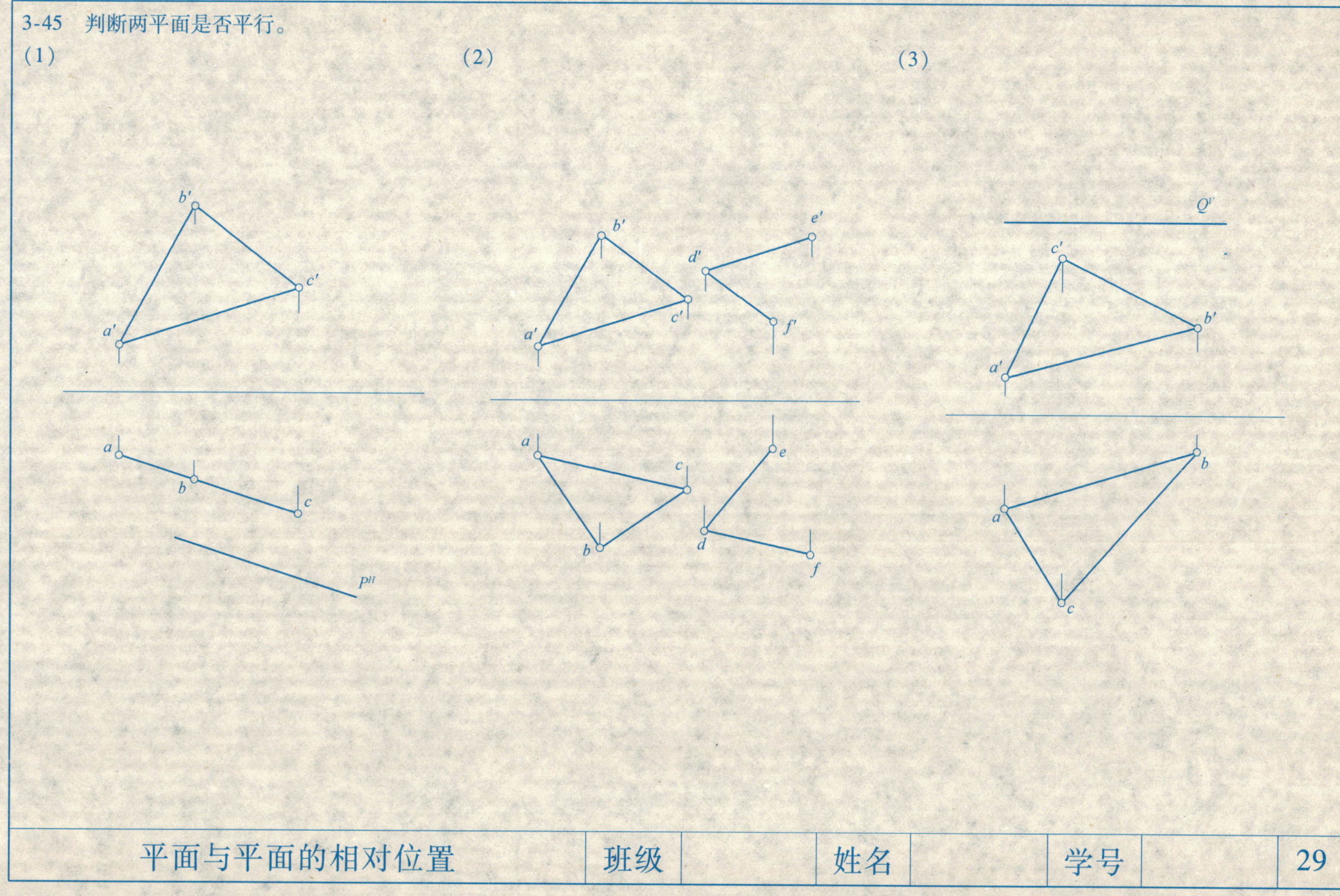

3-46　求直线与平面的交点并判定可见性。

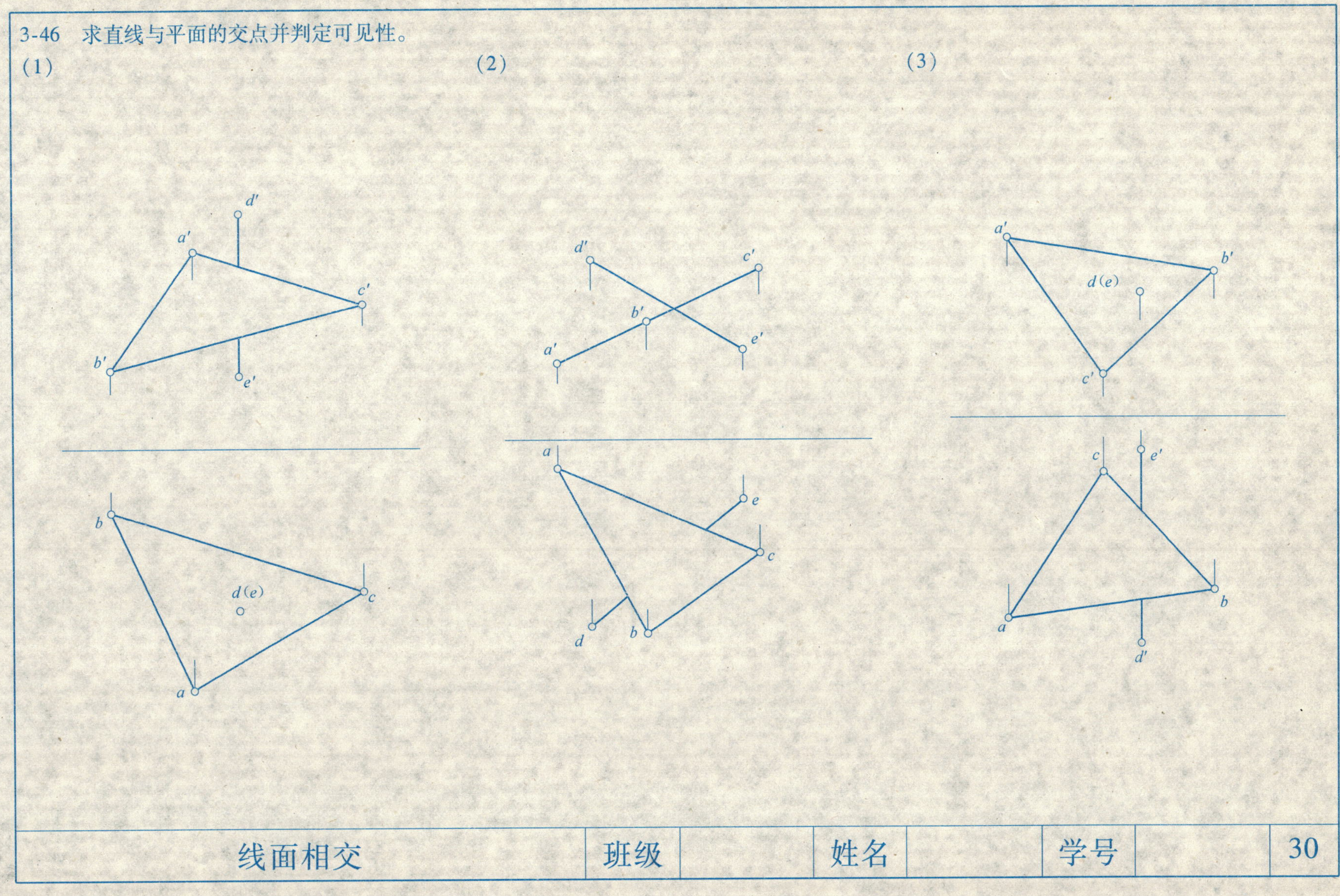

3-47　求直线与平面的交点并判定可见性。

（1）

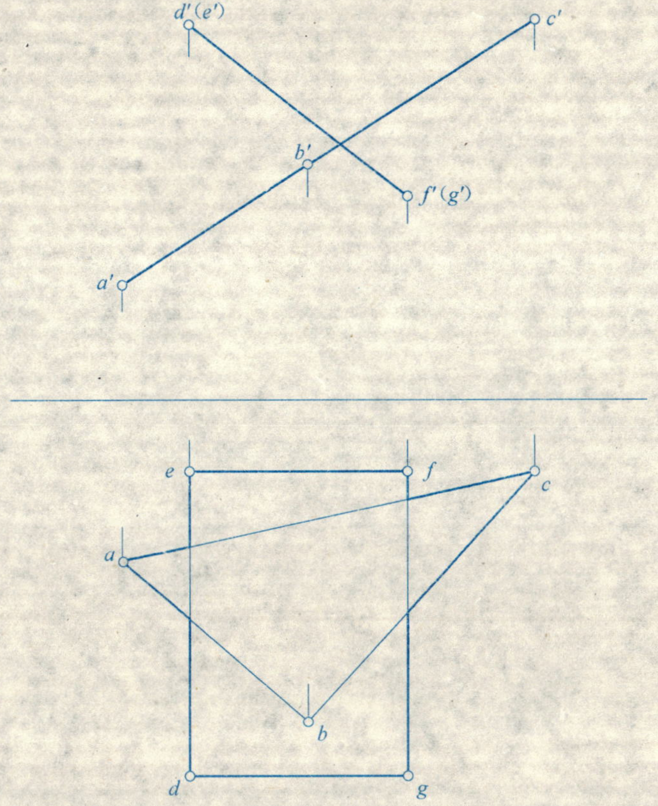

（2）

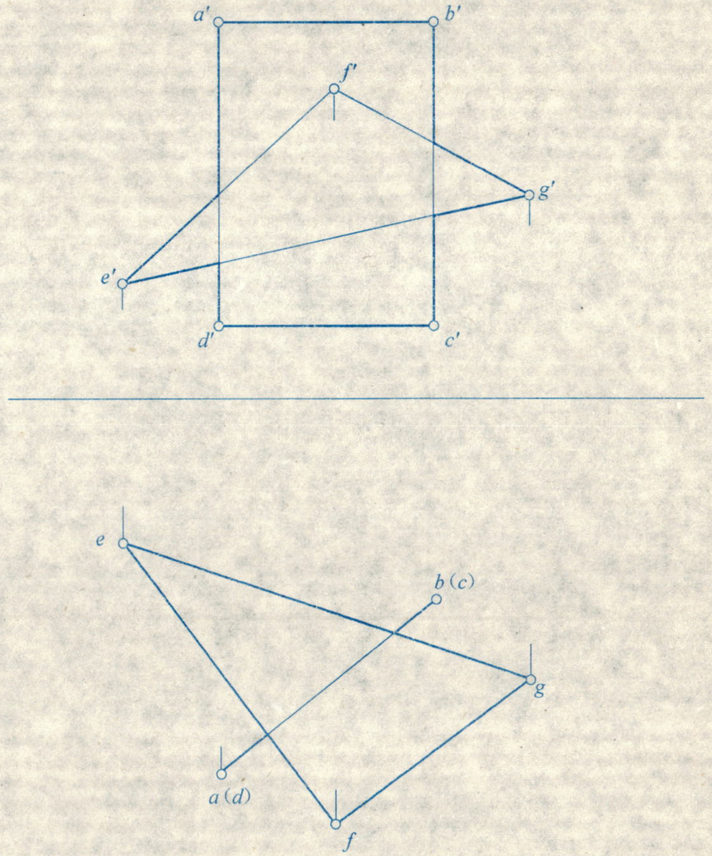

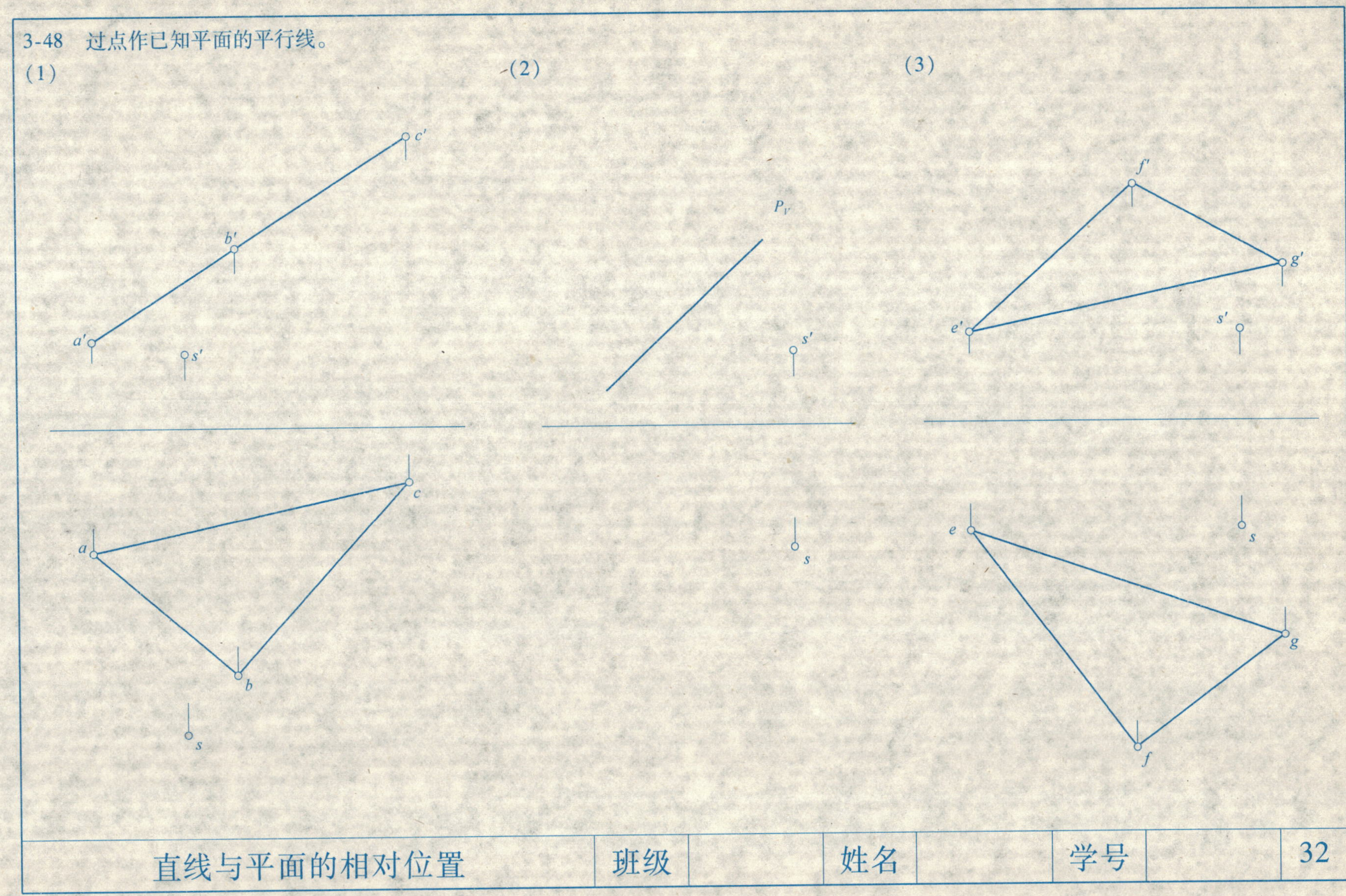
3-48 过点作已知平面的平行线。
(1)
(2)
(3)
c'
b'
a'
s'
c
a
b
s
P_V
s'
s
f'
g'
e'
s'
e
s
g
f

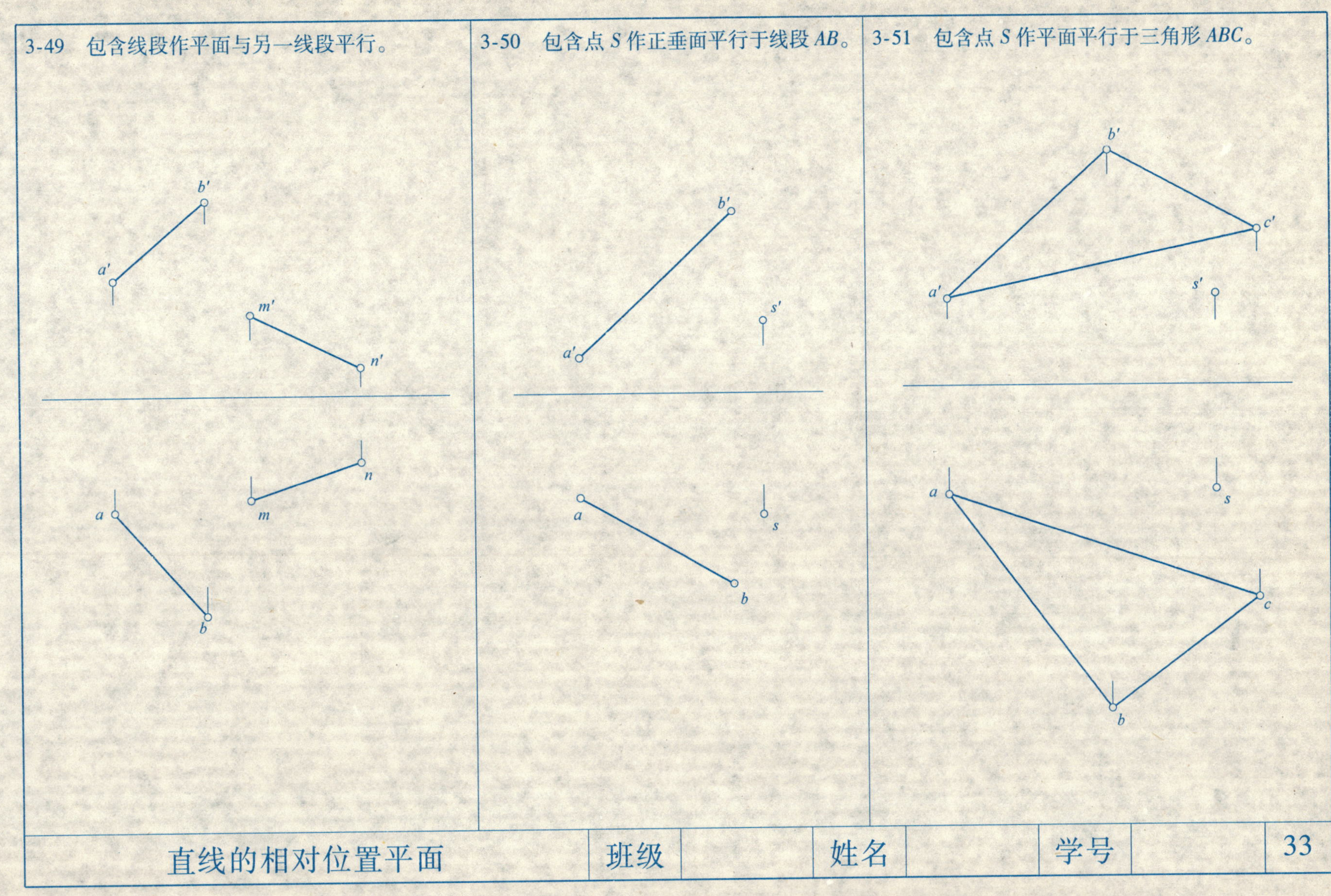
3-49 包含线段作平面与另一线段平行。
b'
a'
m'
n'
n
a
m
b
3-50 包含点 S 作正垂面平行于线段 AB。
b'
s'
a'
a
s
b
3-51 包含点 S 作平面平行于三角形 ABC。
b'
c'
s'
a'
a
s
c
b
直线的相对位置平面
班级
姓名
学号
33

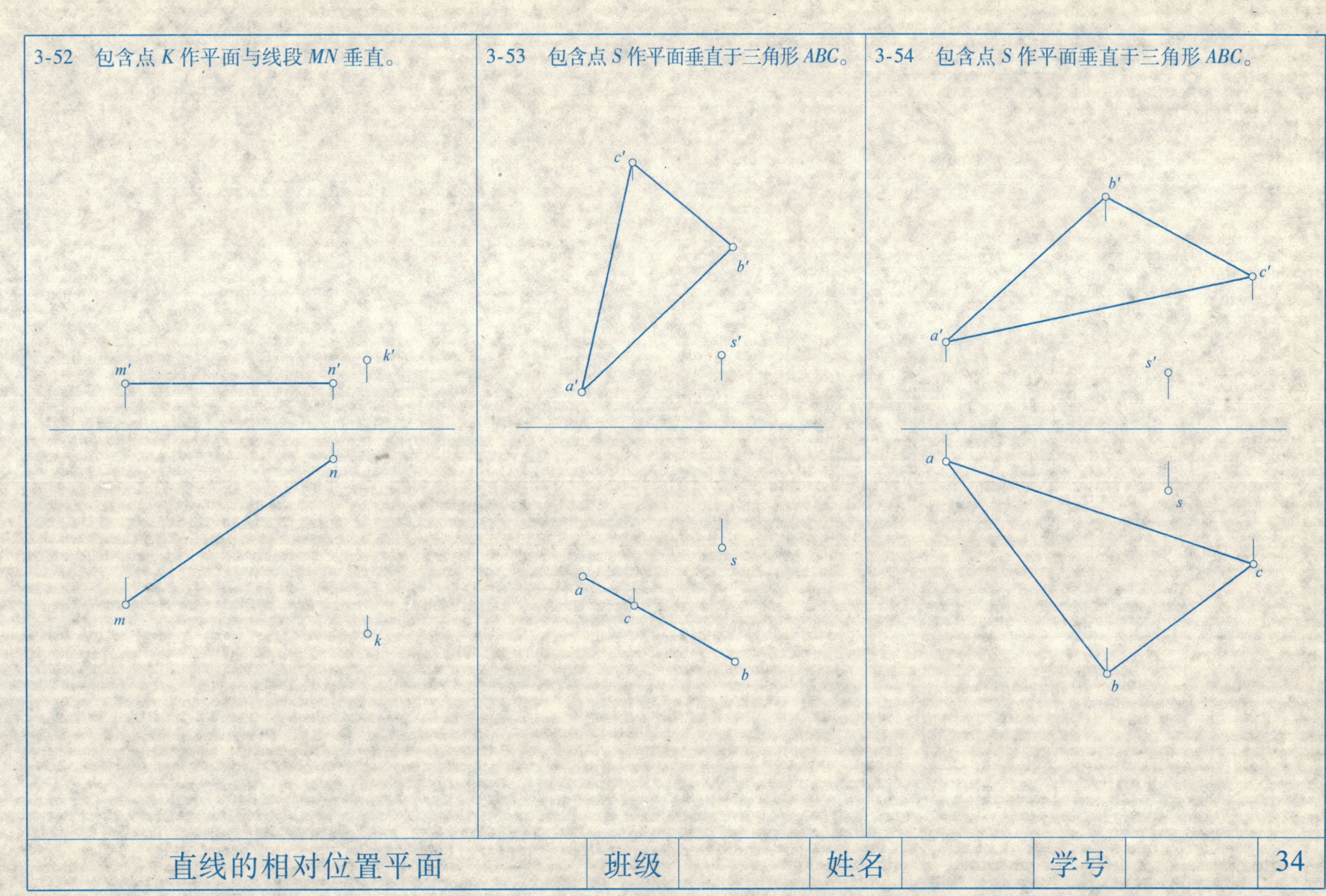
3-52 包含点 K 作平面与线段 MN 垂直。
m′
n′
k′
n
m
k
3-53 包含点 S 作平面垂直于三角形 ABC。
c′
b′
s′
a′
s
a
c
b
3-54 包含点 S 作平面垂直于三角形 ABC。
b′
c′
a′
s′
a
s
c
b
直线的相对位置平面
班级
姓名
学号

3-55 求点 S 到平面的距离。

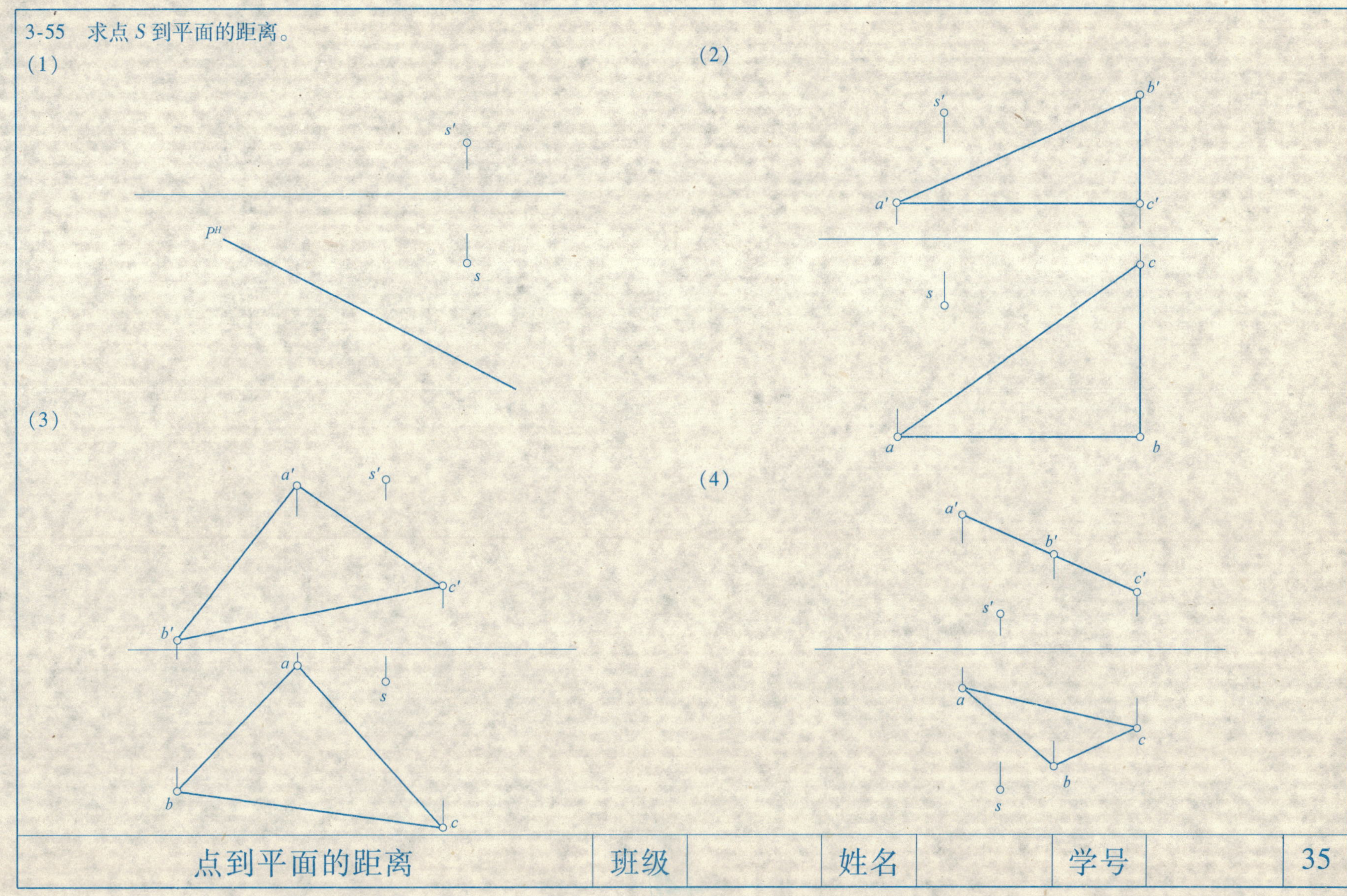

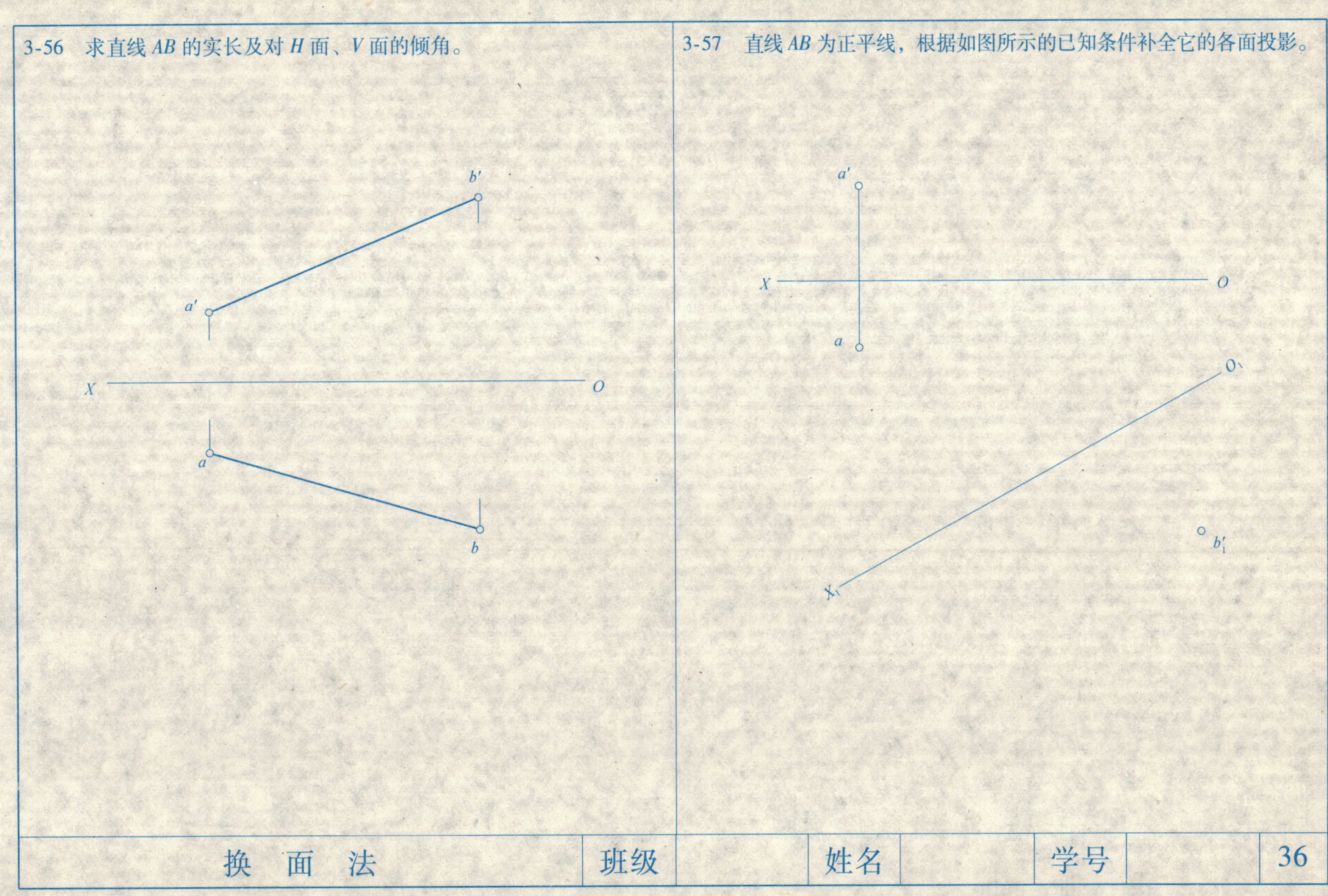
3-56　求直线 AB 的实长及对 H 面、V 面的倾角。
b'
a'
X
O
a
b
3-57　直线 AB 为正平线，根据如图所示的已知条件补全它的各面投影。
a'
X
O
a
O₁
b'₁
X₁
换　面　法
班级
姓名
学号
36

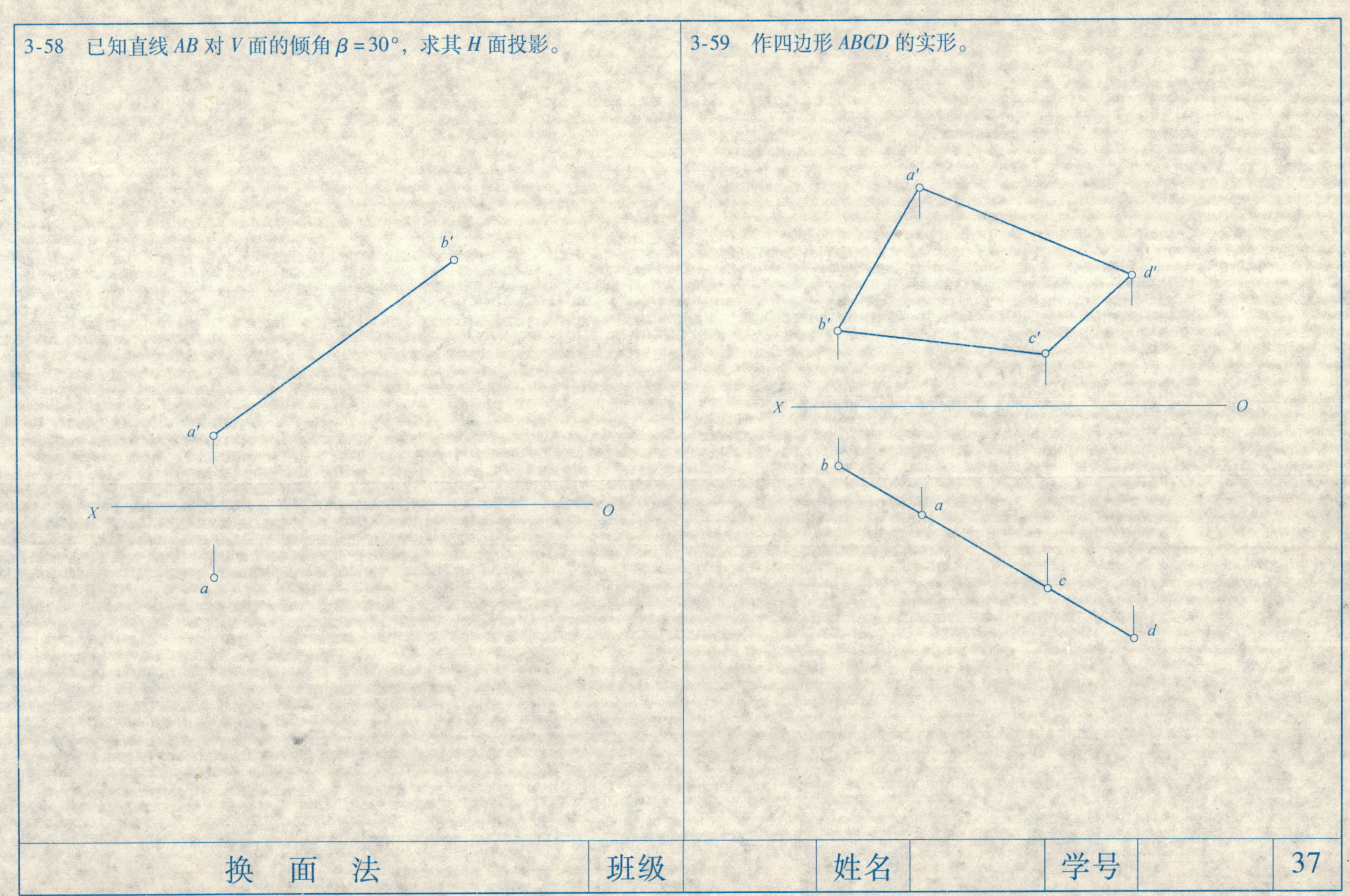
3-58　已知直线 AB 对 V 面的倾角 β = 30°，求其 H 面投影。
b′
a′
X
O
a
3-59　作四边形 ABCD 的实形。
a′
d′
b′
c′
X
O
b
a
c
d
换　面　法
班级
姓名
学号
37

3-60　求三角形 *ABC* 对 *H* 面的倾角。

3-61　求三角形 *ABC* 对 *V* 面的倾角。

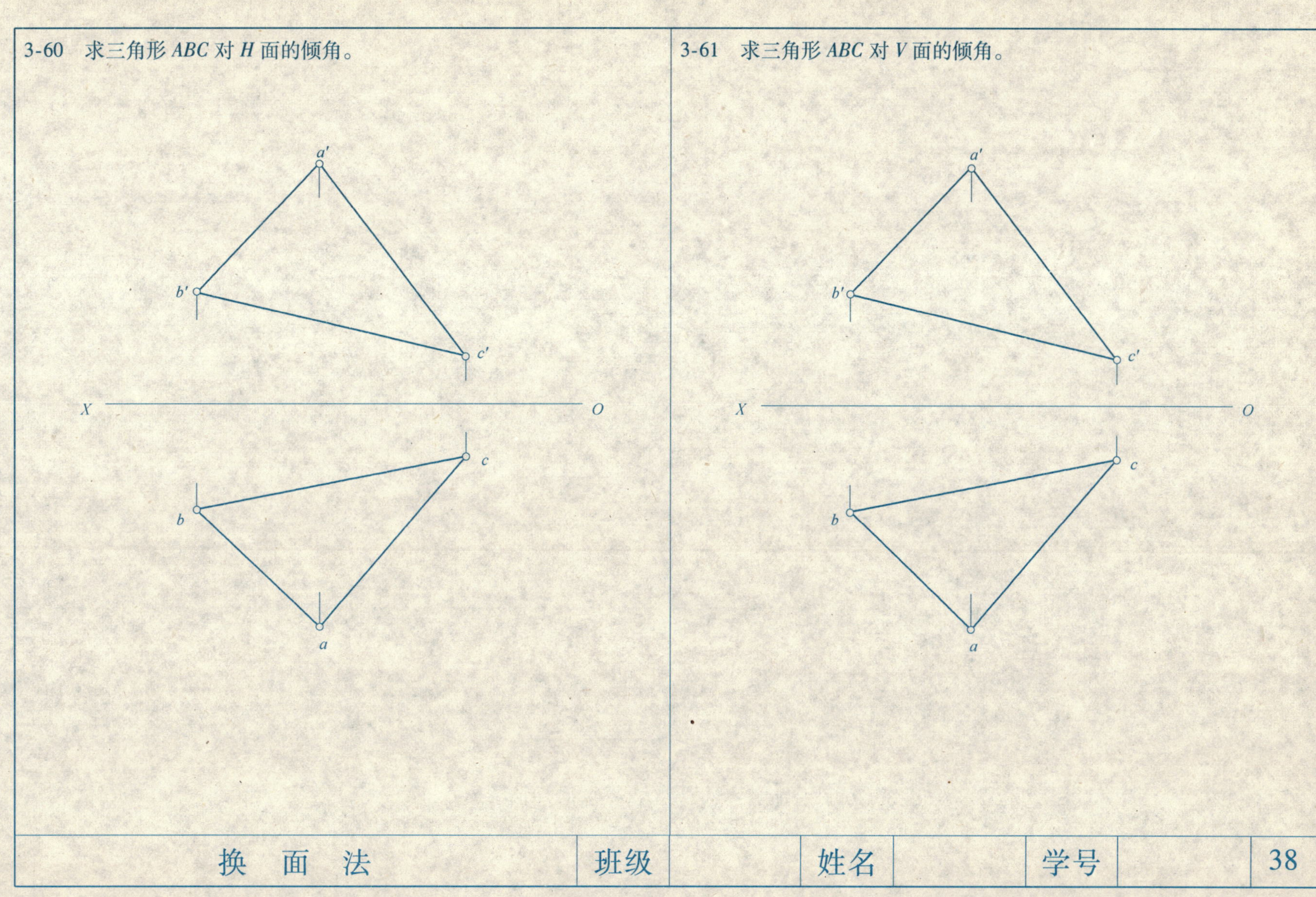

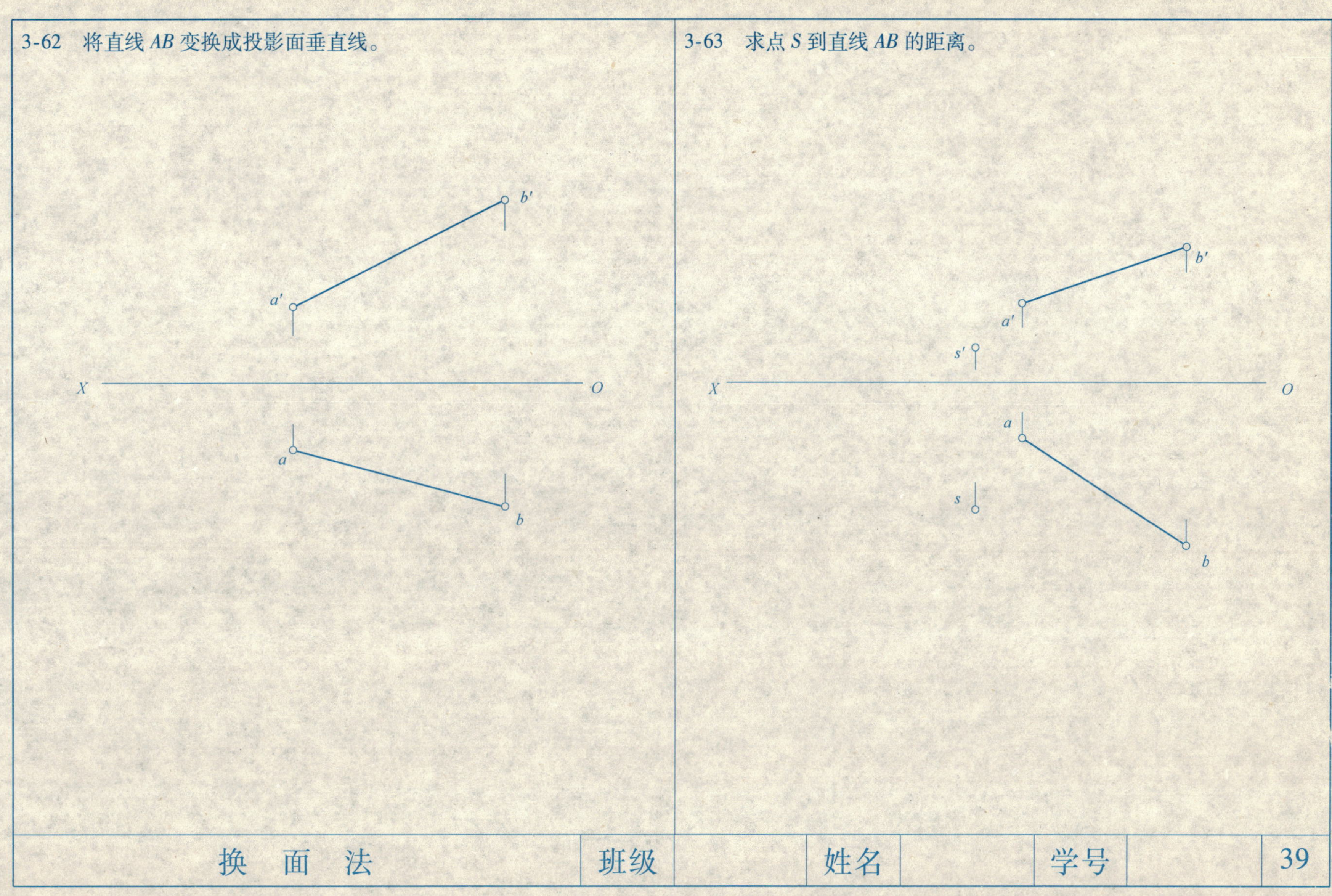
3-62 将直线 AB 变换成投影面垂直线。
b'
a'
X
O
a
b
3-63 求点 S 到直线 AB 的距离。
b'
a'
s'
X
O
a
s
b
换 面 法
班级
姓名
学号
39

3-64 求点 *S* 到三角形 *ABC* 的距离。

3-65 补全矩形 *ABCD* 的 *V* 面投影。

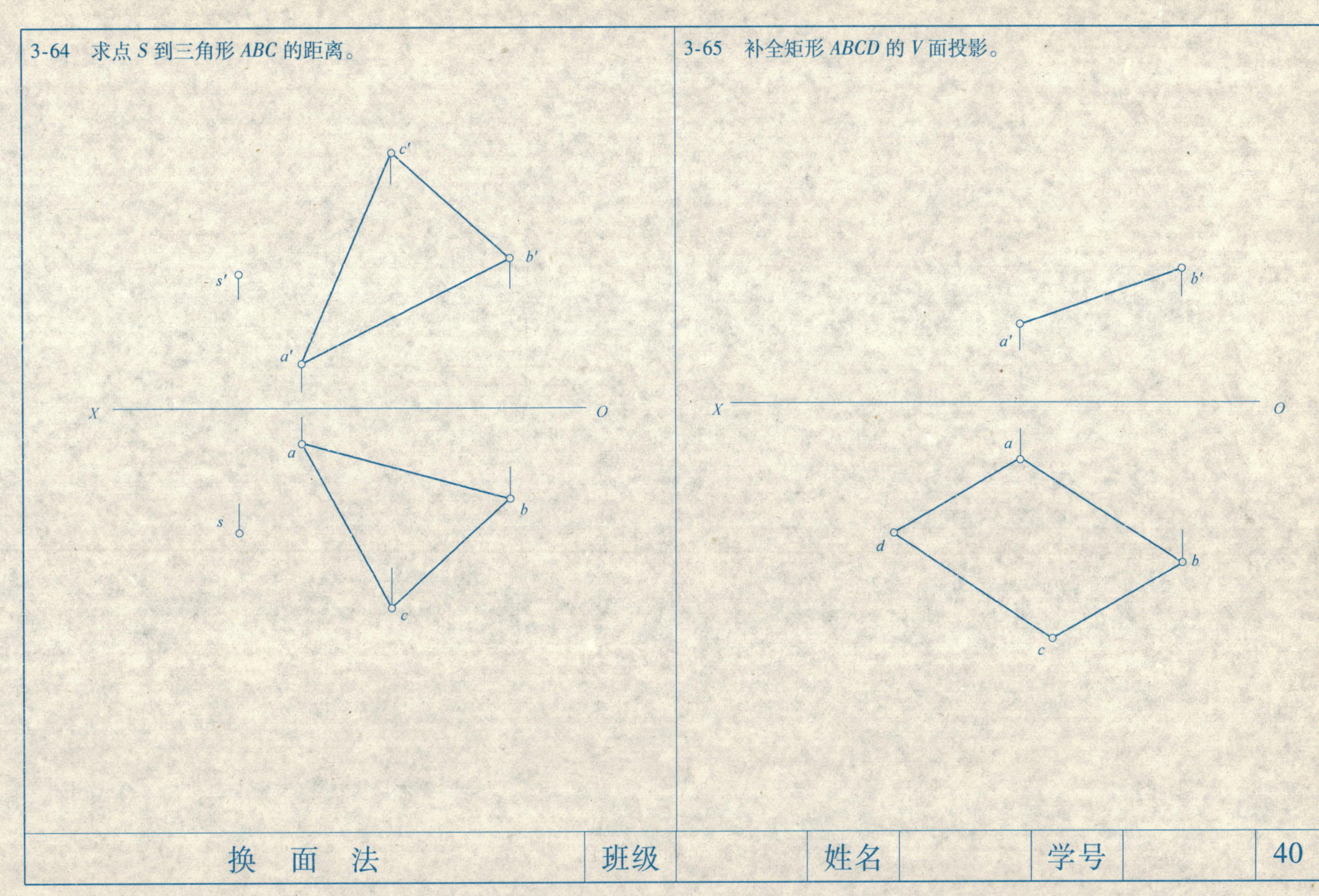

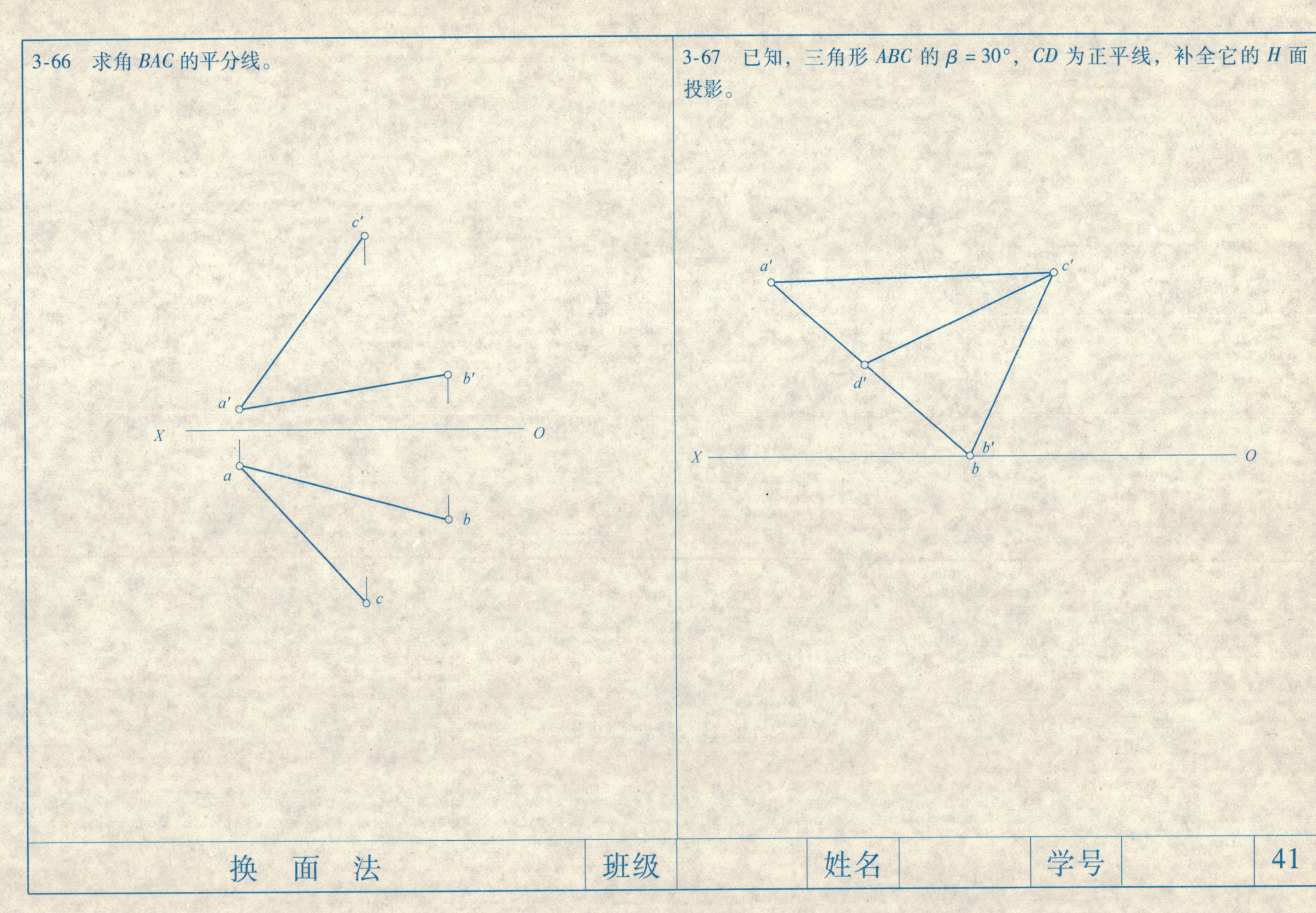
3-66　求角 BAC 的平分线。
c′
b′
a′
X
O
a
b
c
3-67　已知，三角形 ABC 的 β = 30°，CD 为正平线，补全它的 H 面投影。
a′
c′
d′
b′
X
O
b
换　面　法
班级
姓名
学号
41

3-68　将直线 *AB* 旋转变换成投影面垂直线。

3-69　求作三角形 *ABC* 的实形。

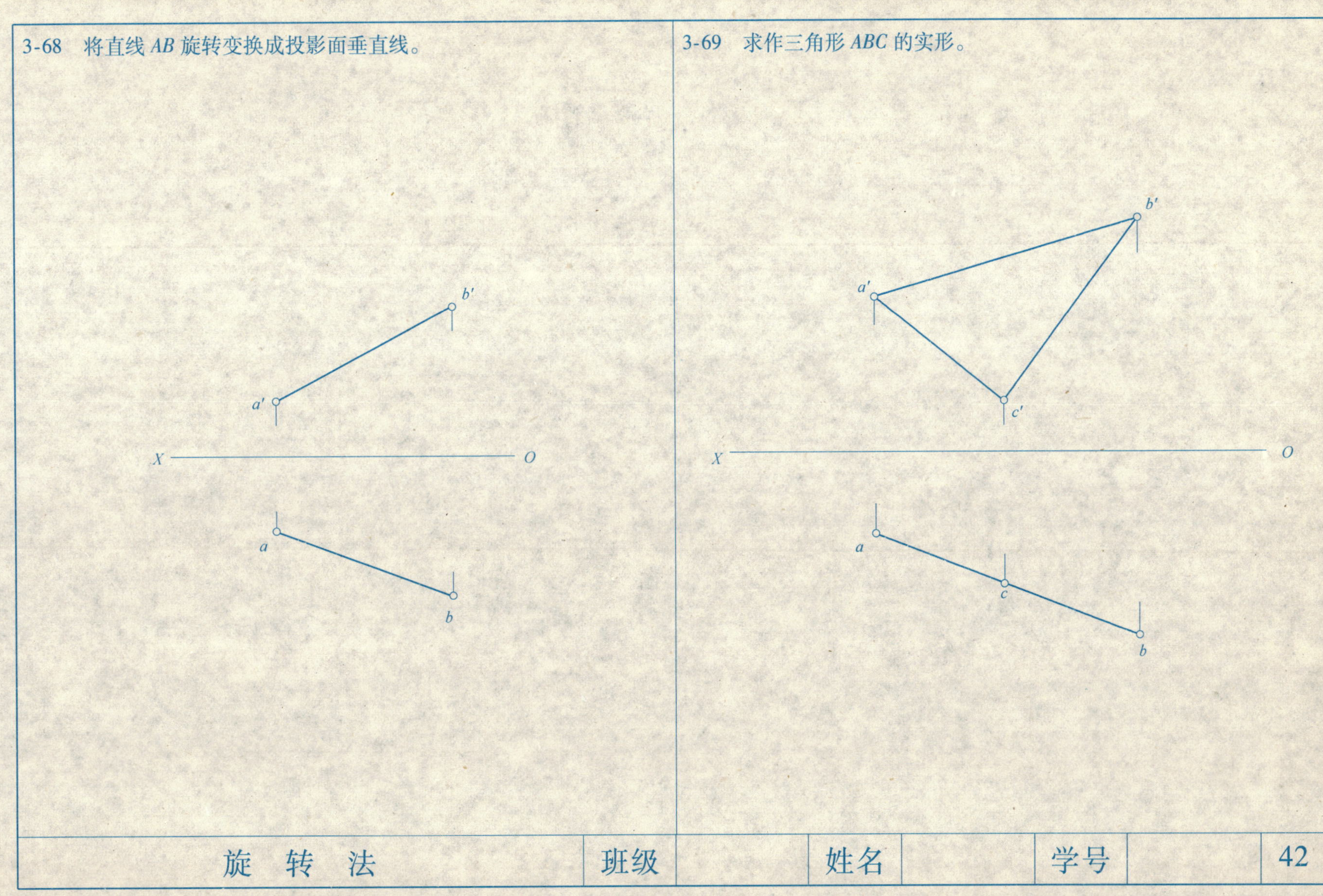

旋　转　法	班级		姓名		学号		42

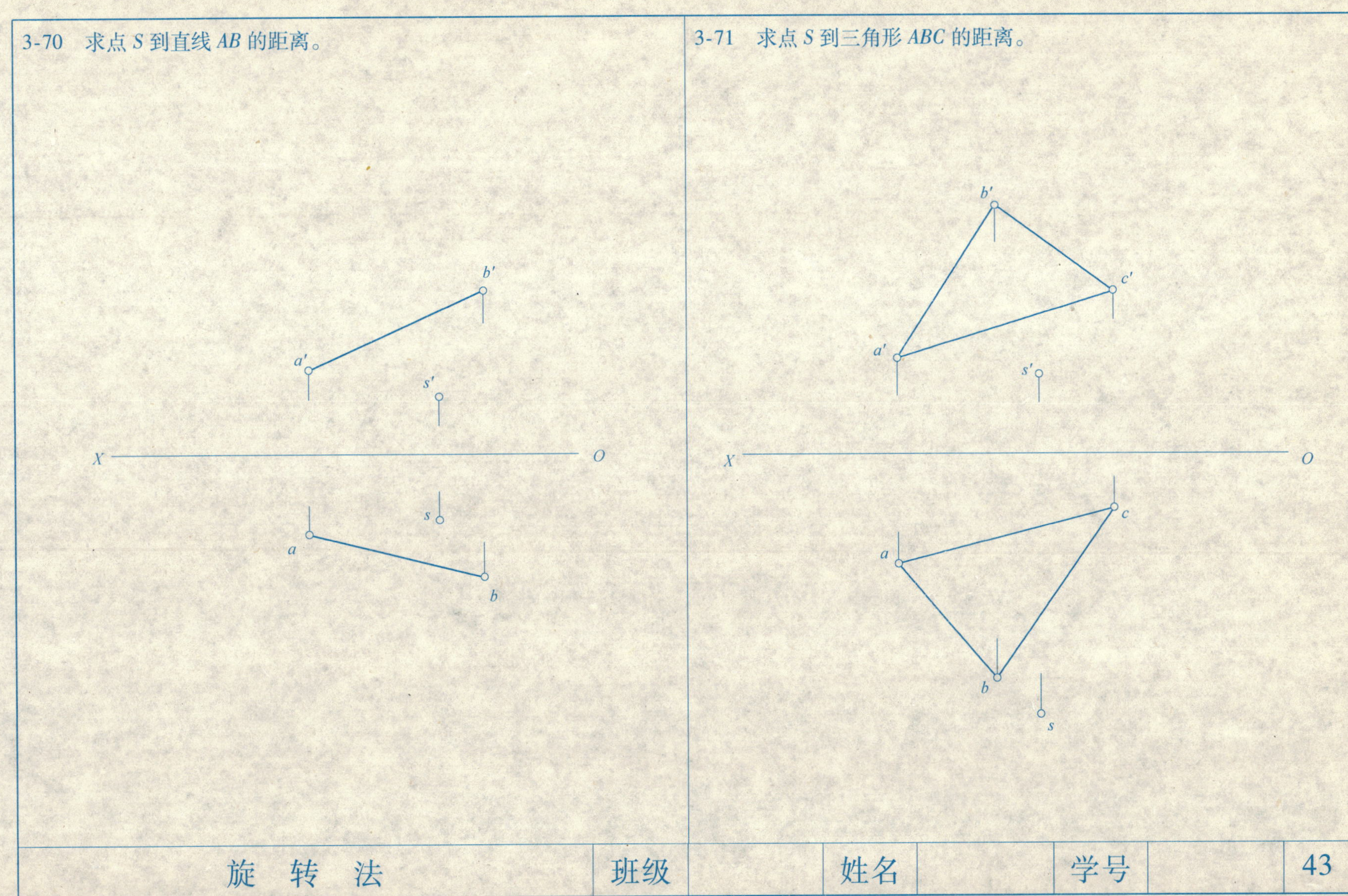
3-70 求点 S 到直线 AB 的距离。
b′
a′
s′
X
O
s
a
b
3-71 求点 S 到三角形 ABC 的距离。
b′
c′
a′
s′
X
O
c
a
b
s
旋 转 法
班级
姓名
学号
43

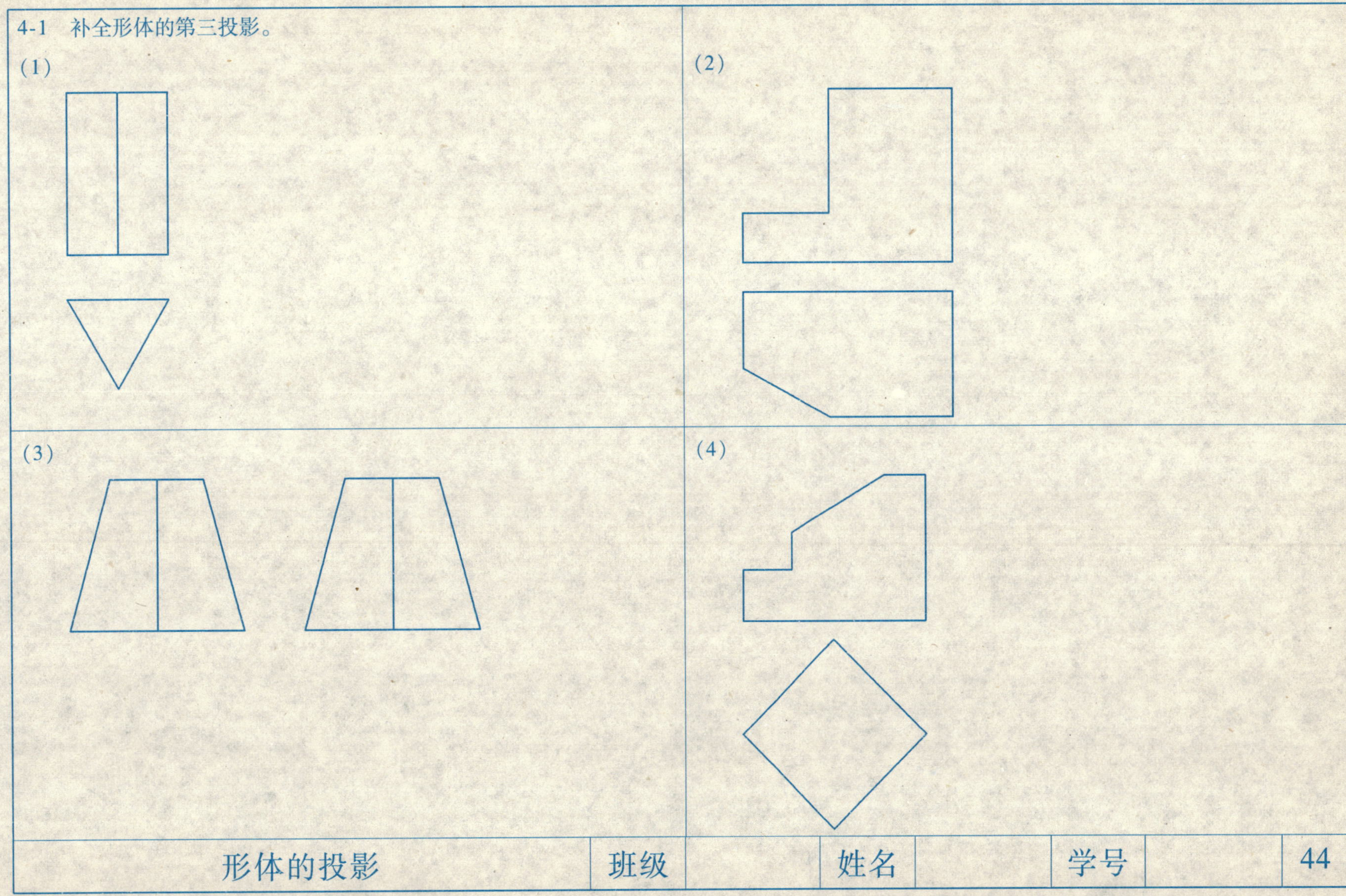
4-1 补全形体的第三投影。
(1)
(2)
(3)
(4)

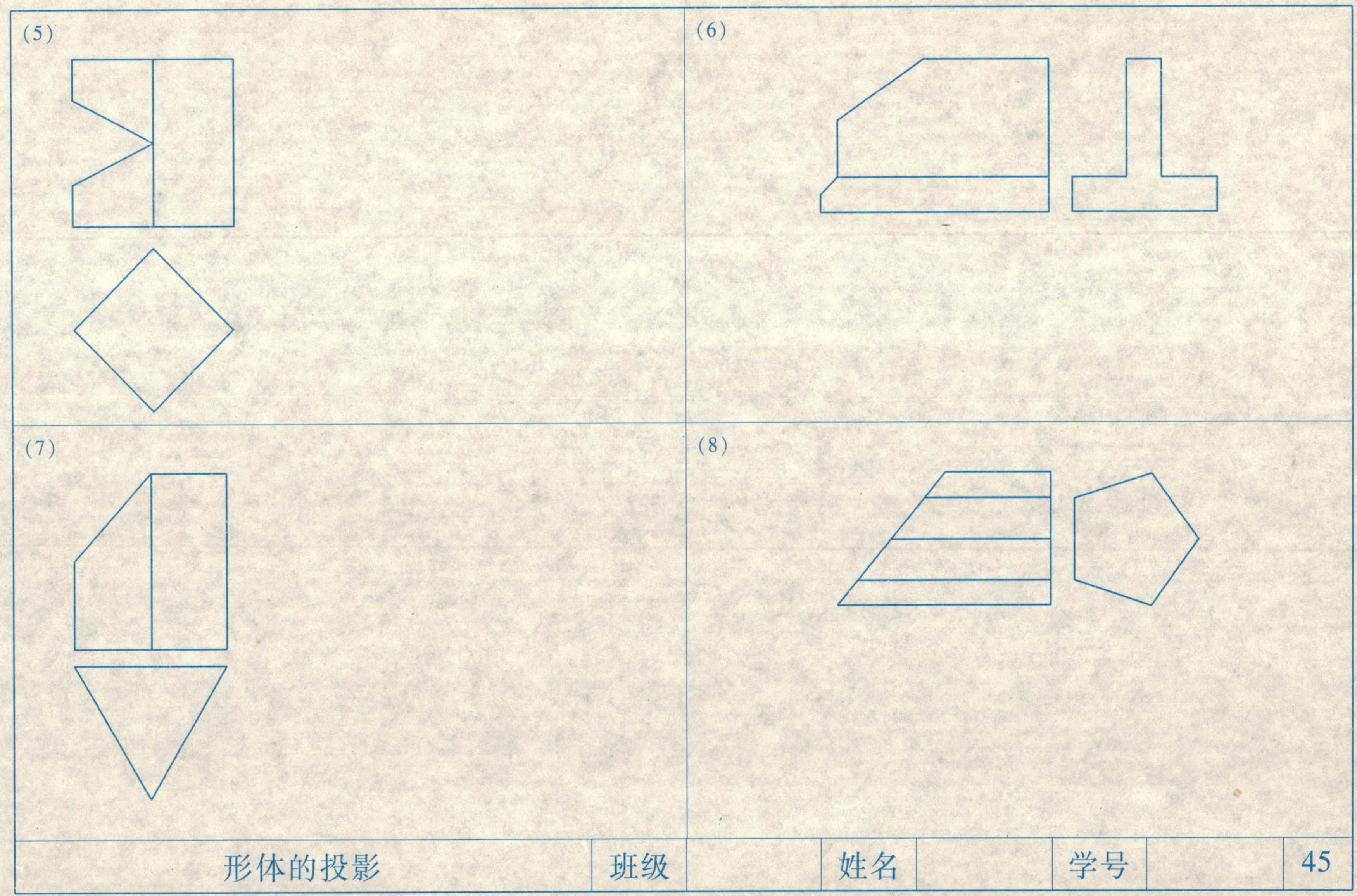

形体的投影	班级		姓名		学号		45

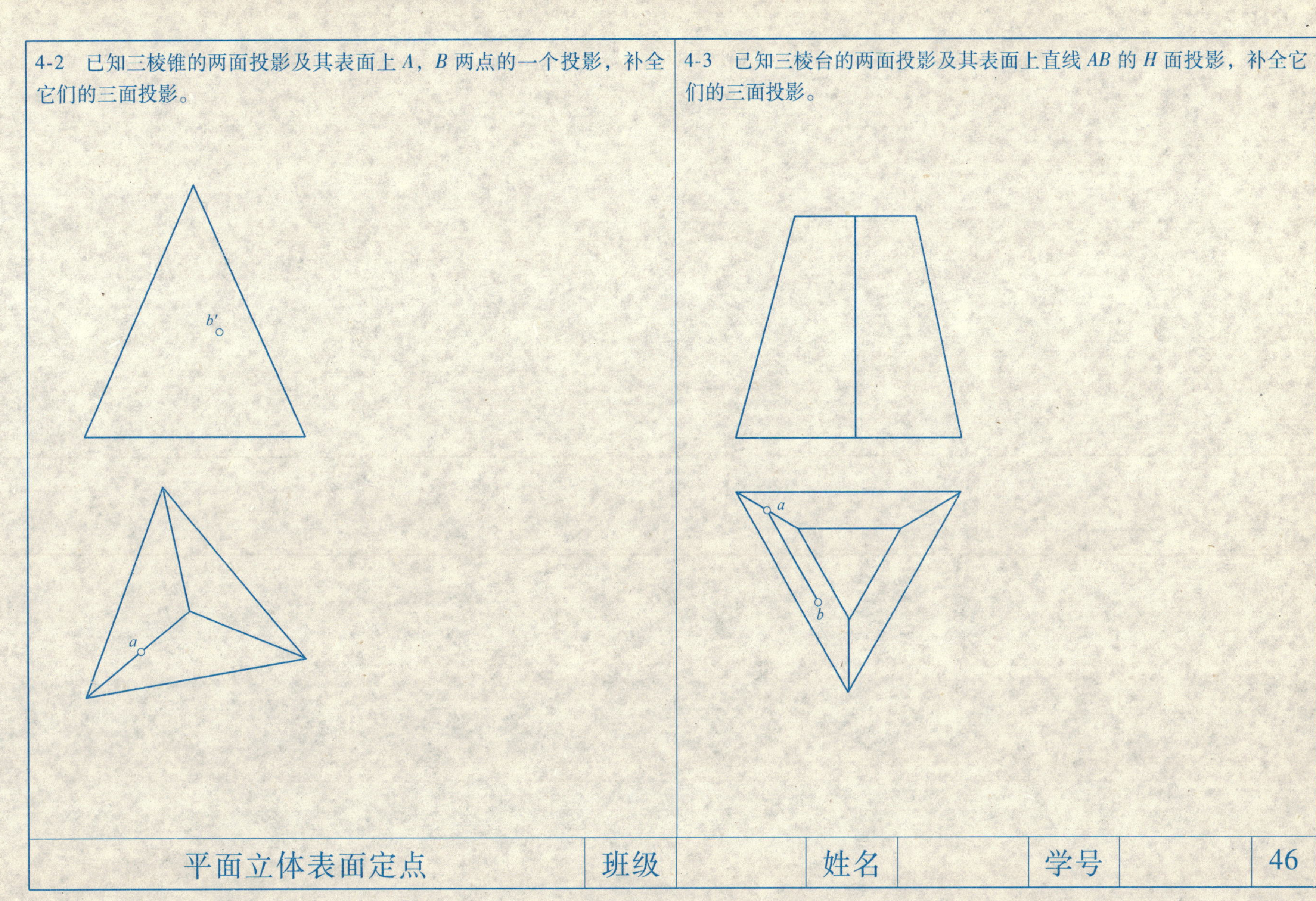
4-2 已知三棱锥的两面投影及其表面上 A，B 两点的一个投影，补全它们的三面投影。
b'
a
4-3 已知三棱台的两面投影及其表面上直线 AB 的 H 面投影，补全它们的三面投影。
a
b
平面立体表面定点
班级
姓名
学号
46

4-4　补全曲面立体及其表面上点和线的三面投影。

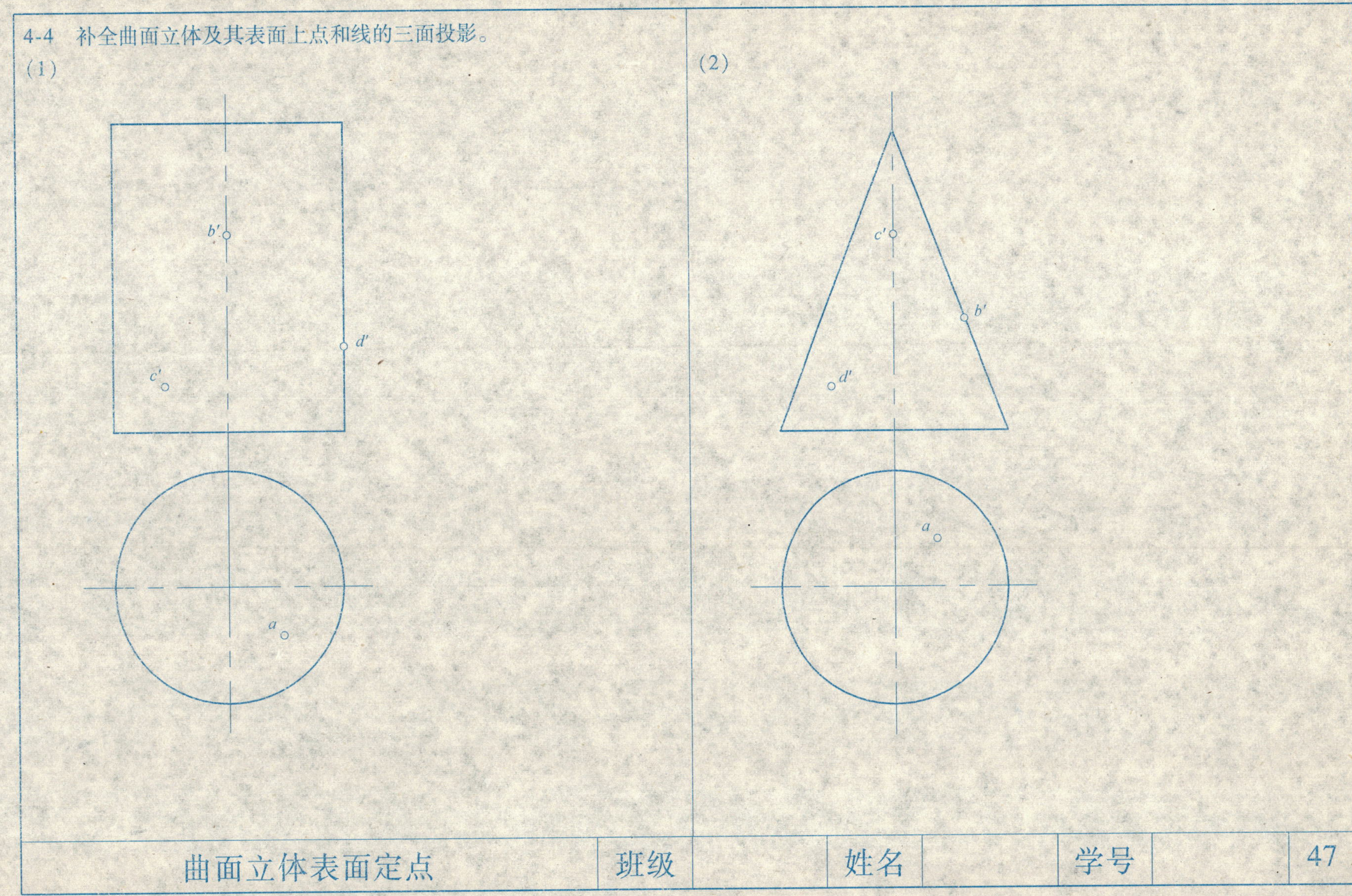

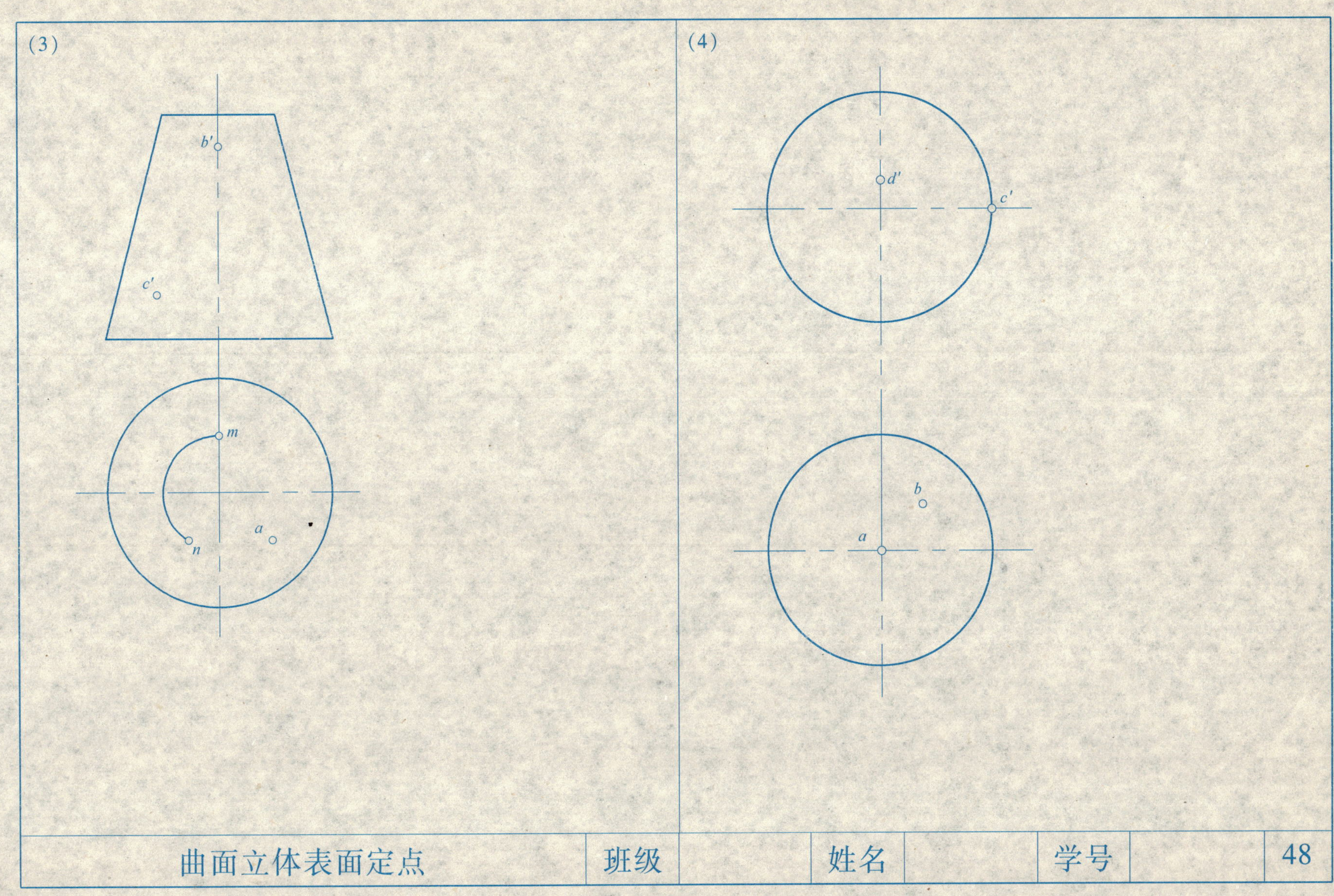

曲面立体表面定点	班级		姓名		学号		48

4-5 求三棱柱穿孔后的 H 面投影和 W 面投影。

4-6 求五棱柱被截割后的 H 面投影和 W 面投影。

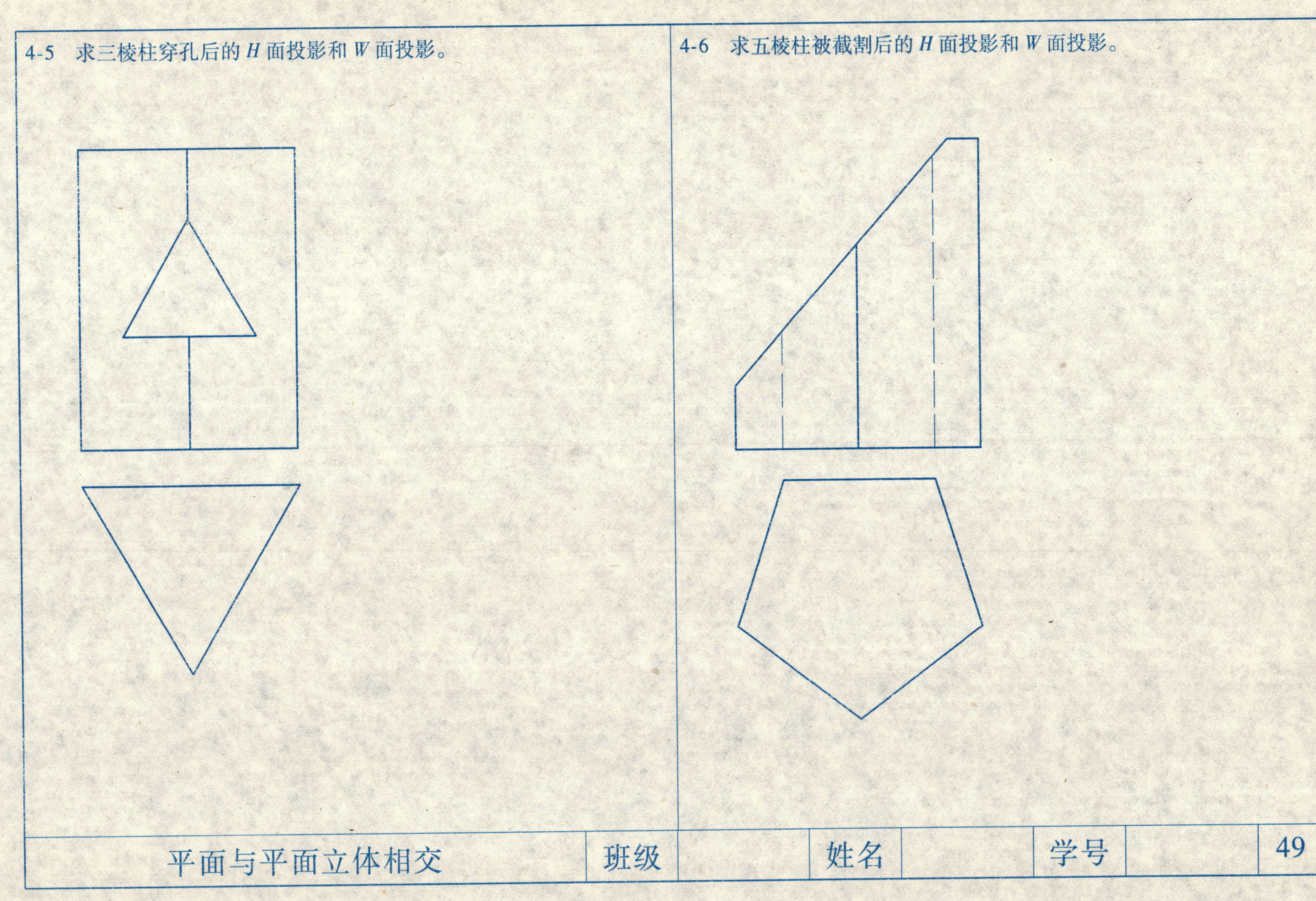

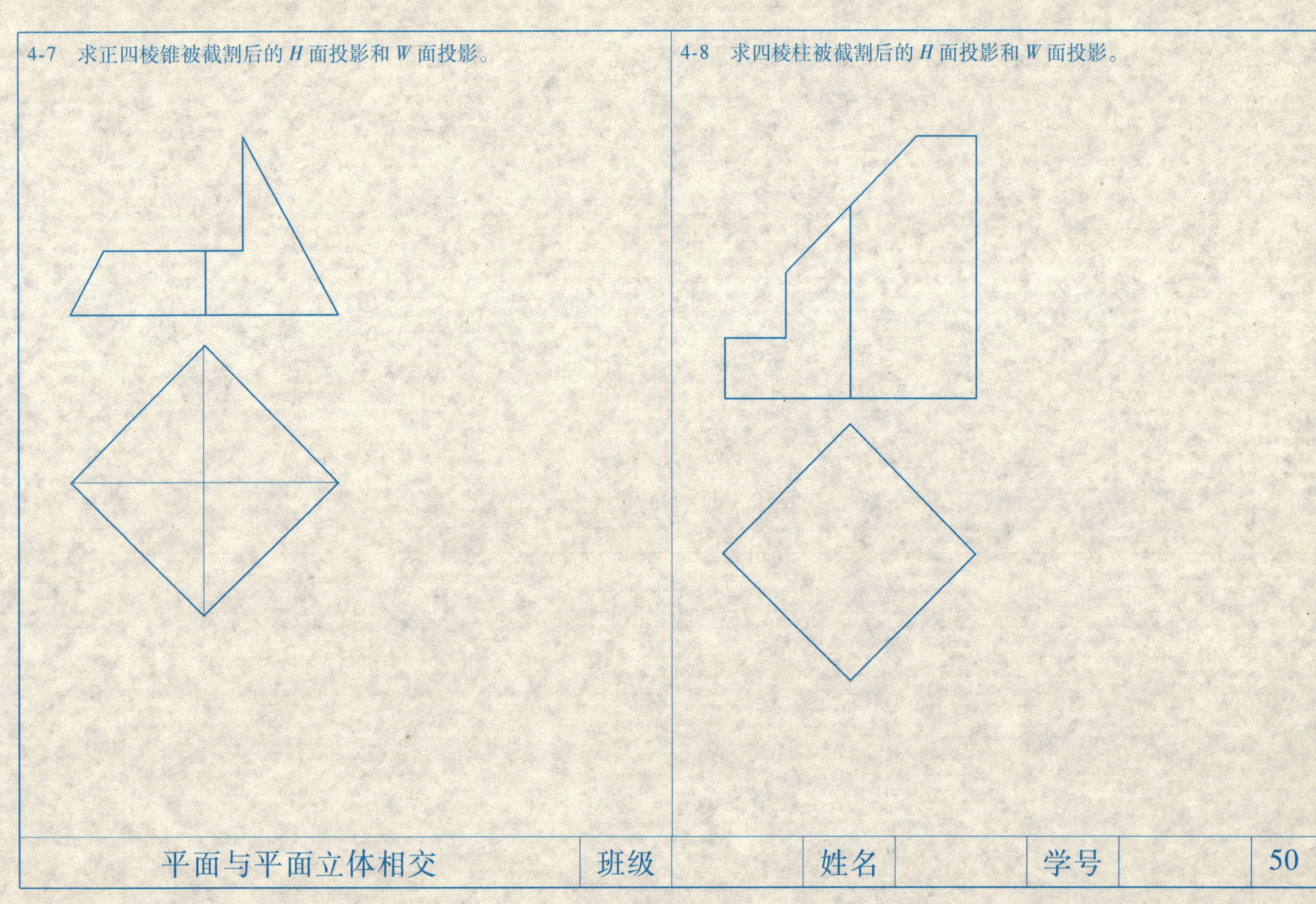
4-7　求正四棱锥被截割后的 *H* 面投影和 *W* 面投影。
4-8　求四棱柱被截割后的 *H* 面投影和 *W* 面投影。
平面与平面立体相交
班级
姓名
学号
50

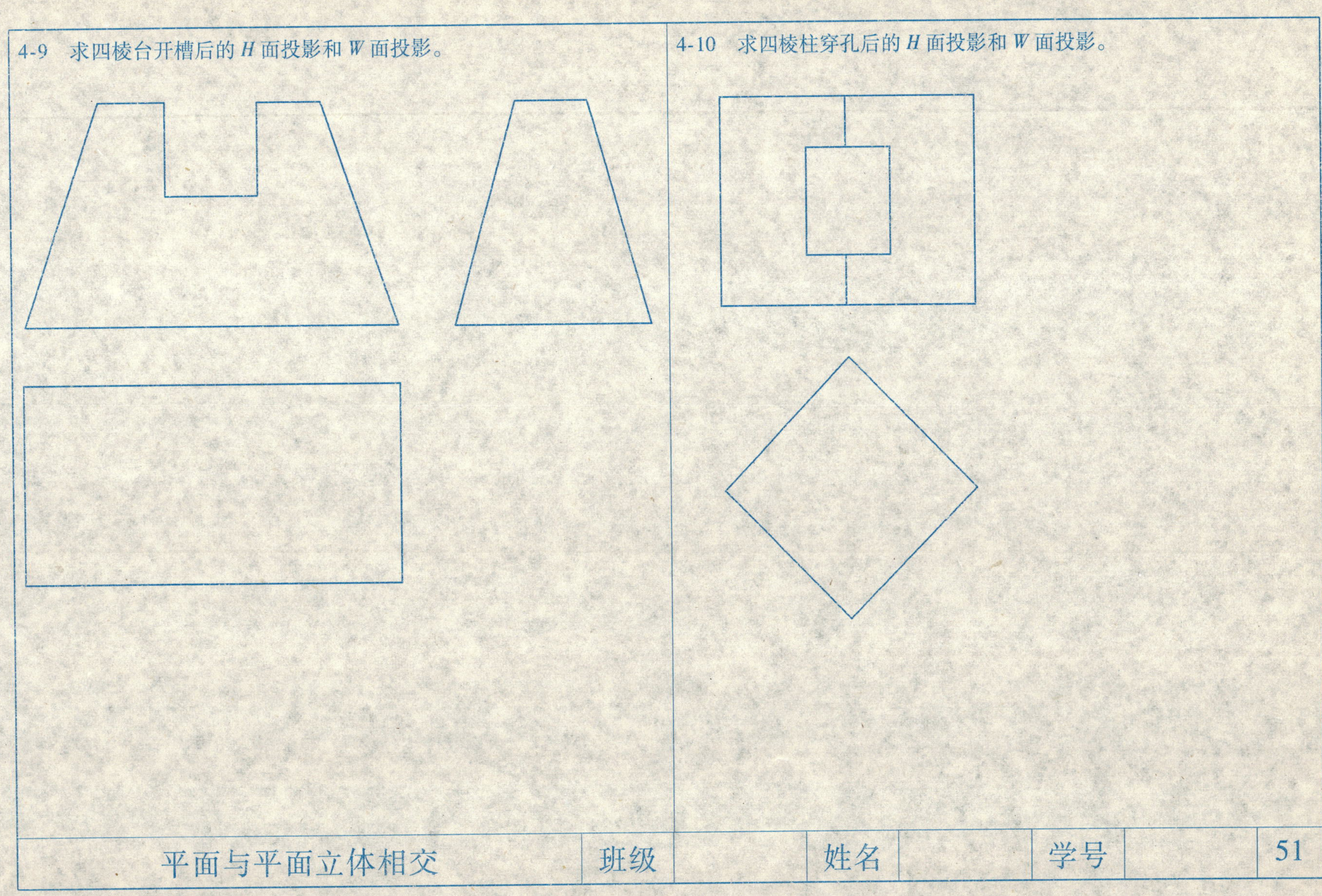

平面与平面立体相交	班级		姓名		学号		51

4-11　求正六棱柱被截割后的 *H* 面投影和 *W* 面投影。

4-12　求五棱锥被截割后的 *H* 面投影和 *W* 面投影。

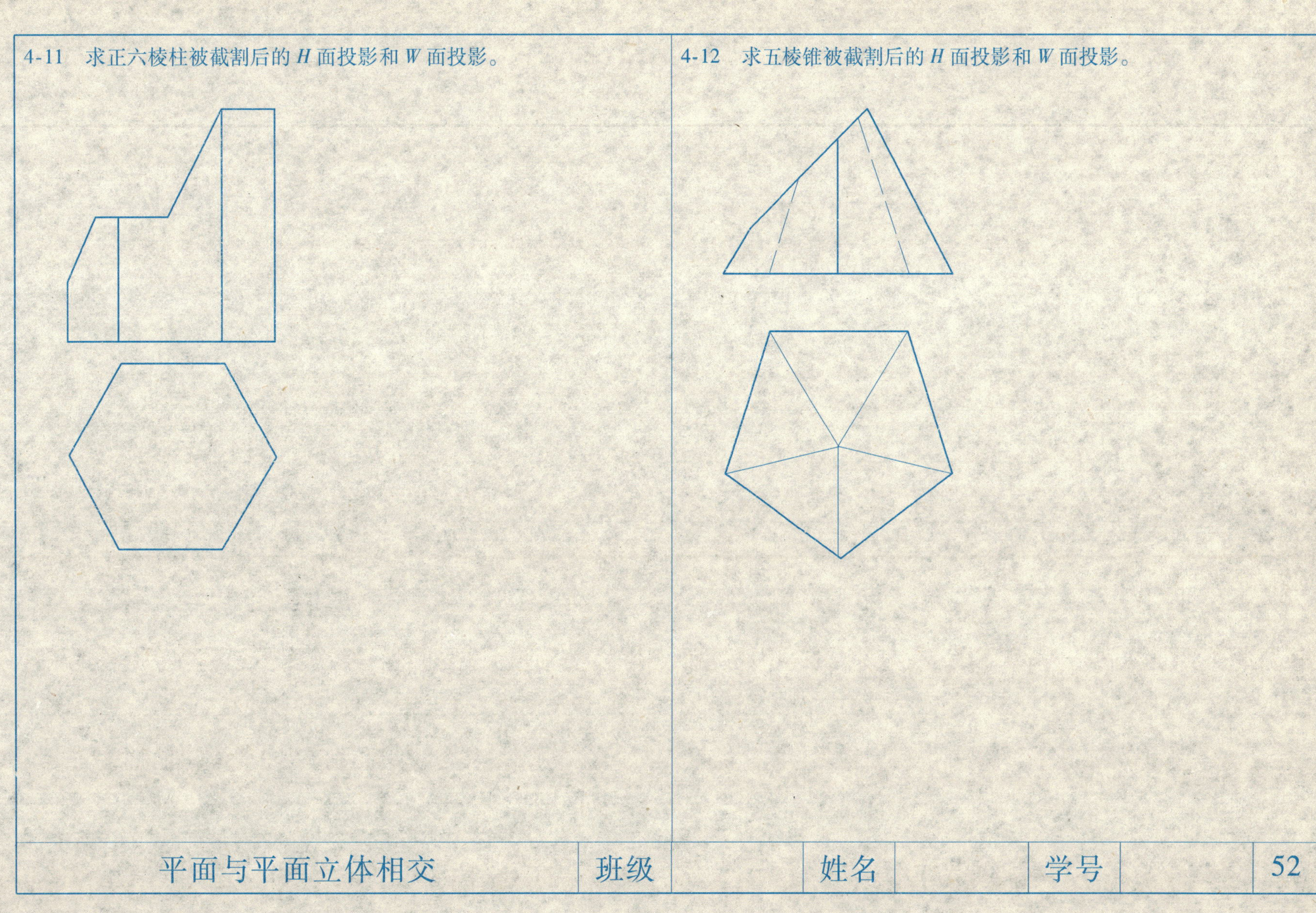

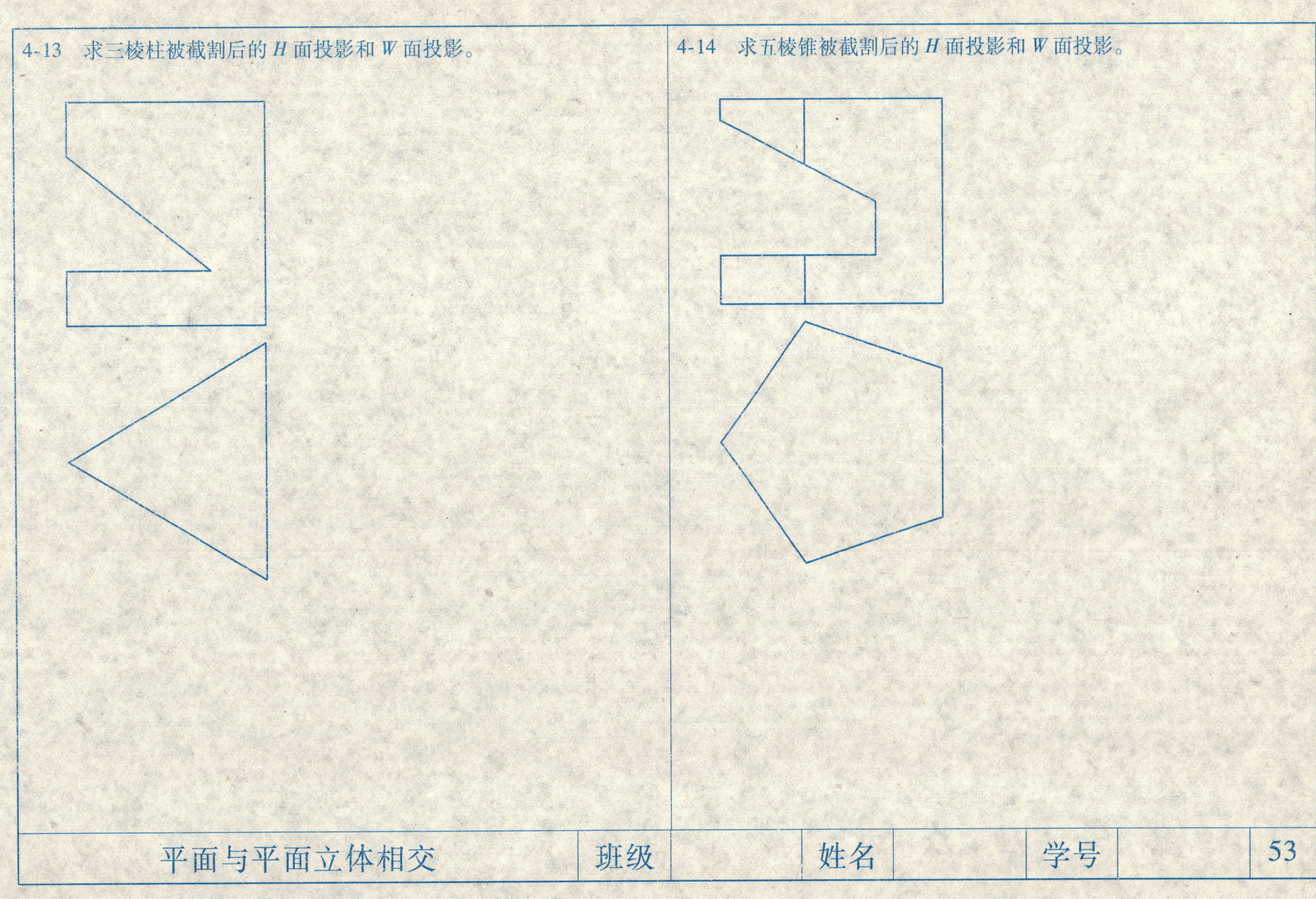
4-13　求三棱柱被截割后的 H 面投影和 W 面投影。
4-14　求五棱锥被截割后的 H 面投影和 W 面投影。
平面与平面立体相交
班级
姓名
学号
53

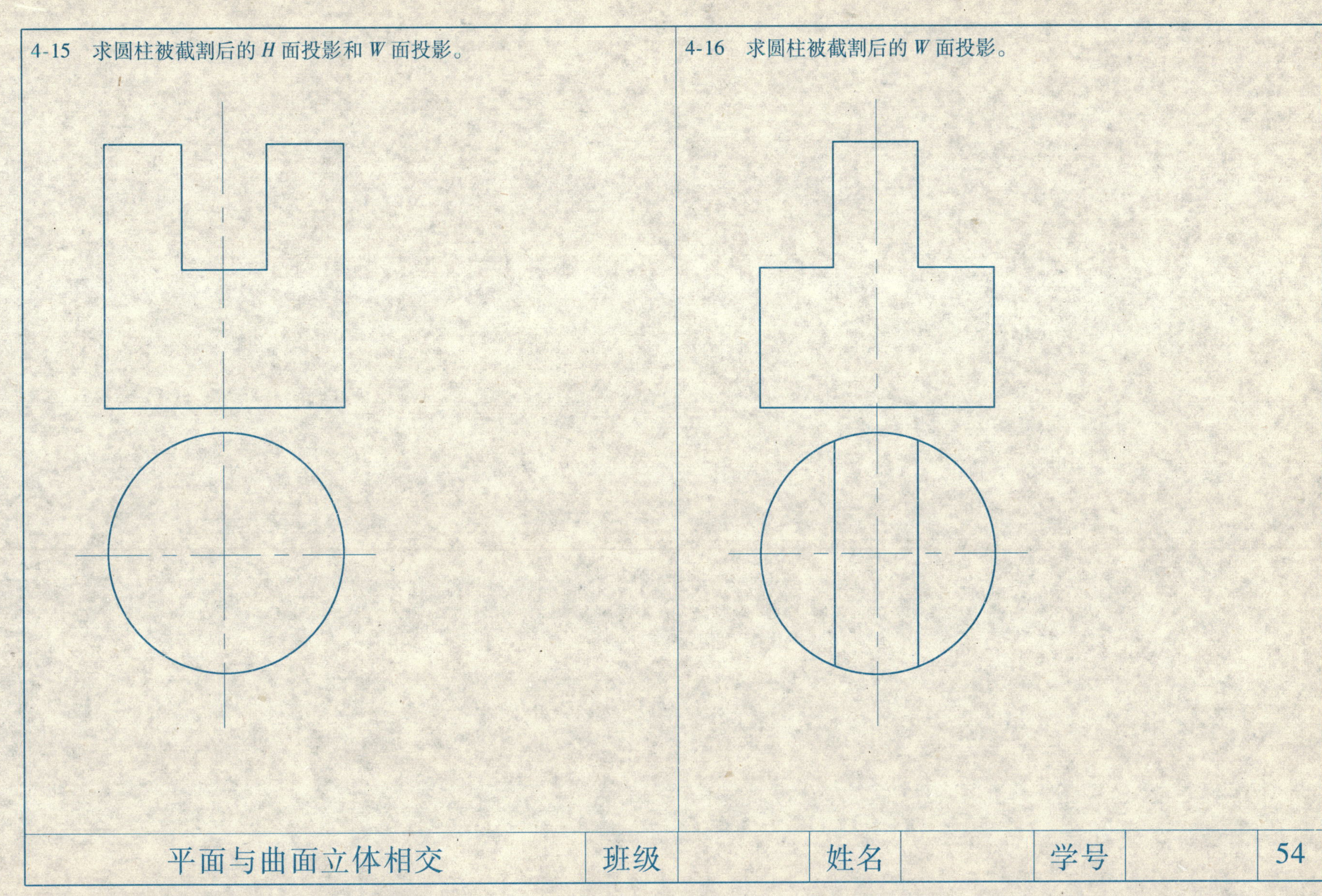
4-15　求圆柱被截割后的 *H* 面投影和 *W* 面投影。
4-16　求圆柱被截割后的 *W* 面投影。

4-17　求圆锥被截割后的 H 面投影和 W 面投影。

4-18　求圆锥被截割后的 H 面投影和 W 面投影。

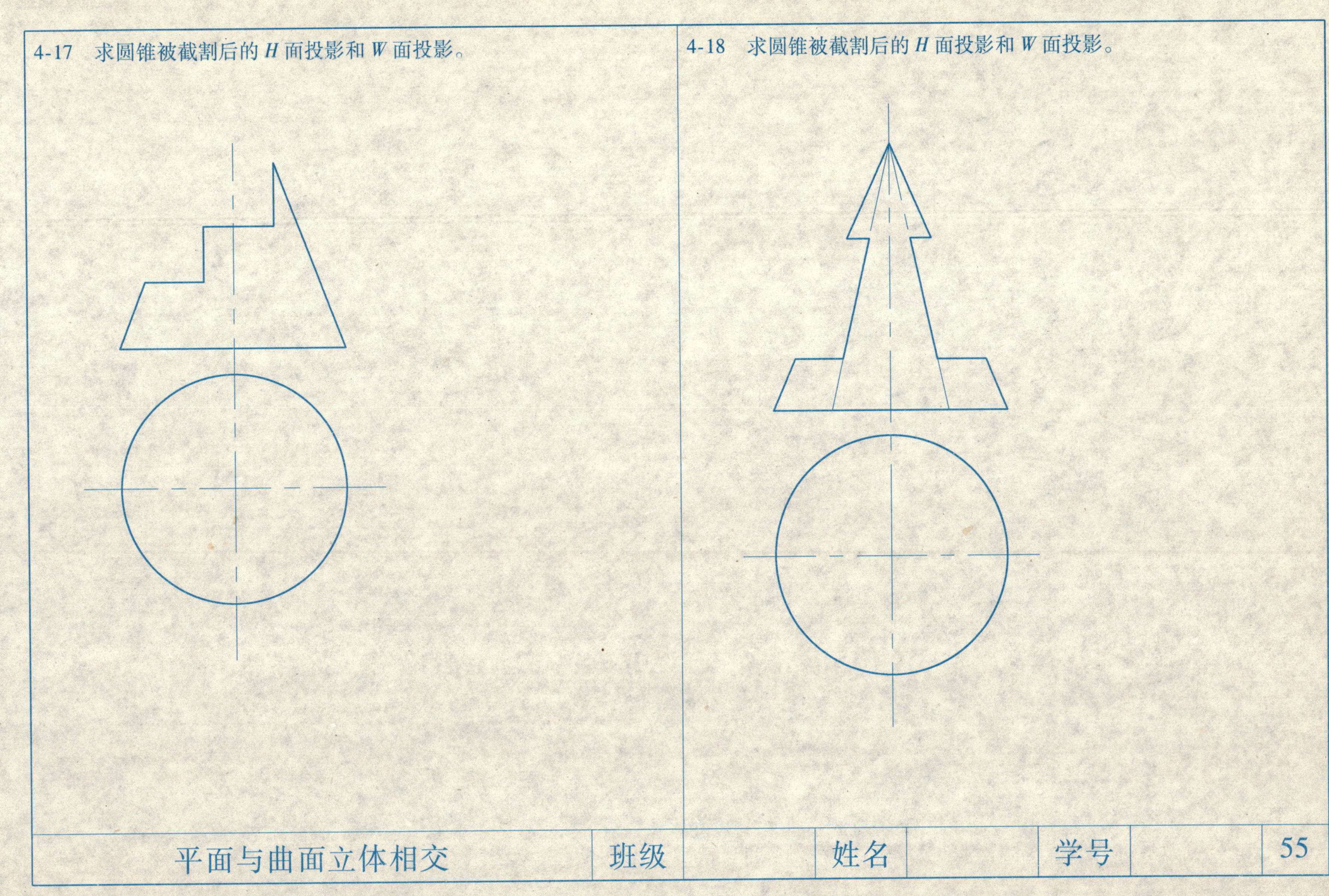

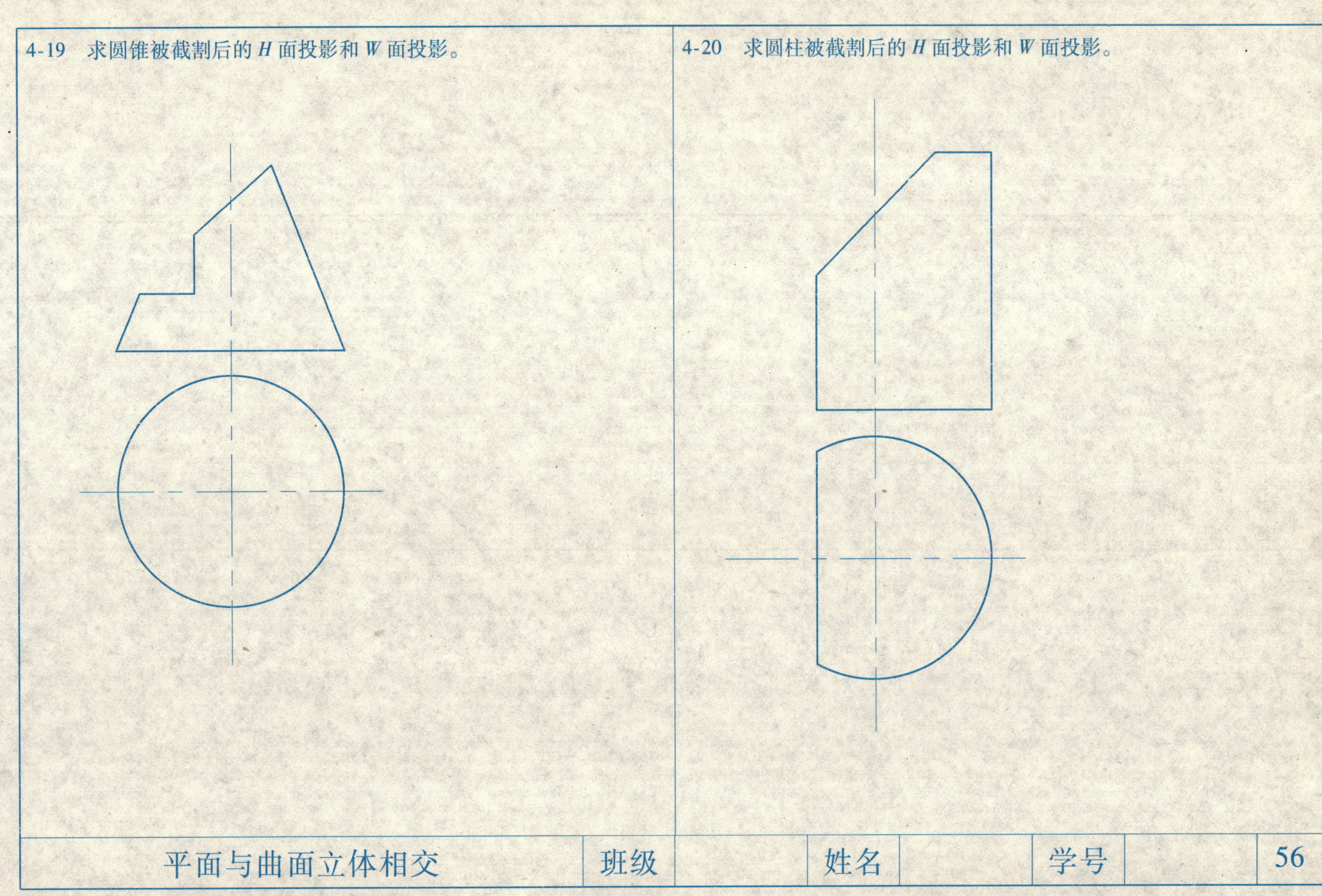
4-19 求圆锥被截割后的 *H* 面投影和 *W* 面投影。

4-20 求圆柱被截割后的 *H* 面投影和 *W* 面投影。

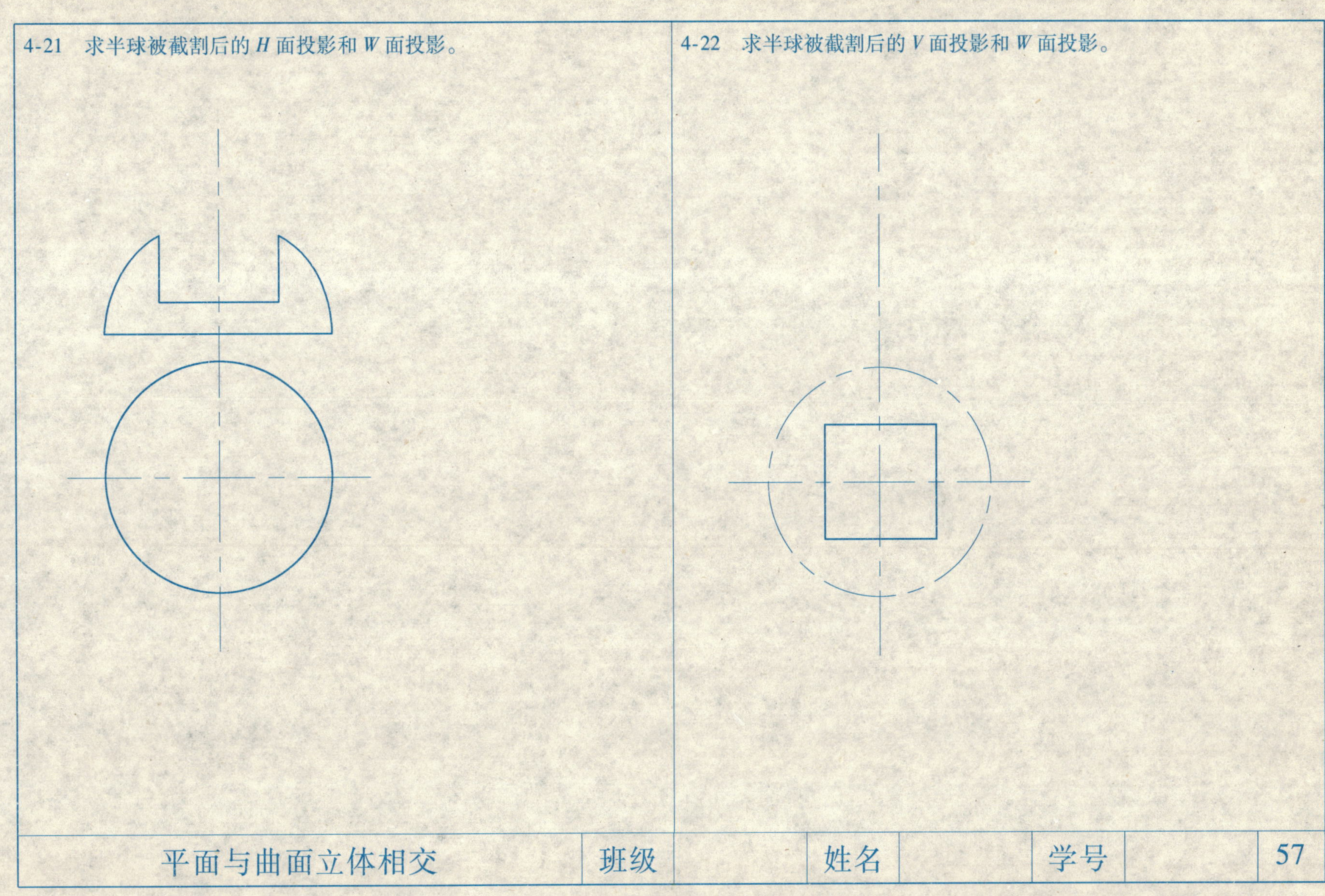
4-21　求半球被截割后的 *H* 面投影和 *W* 面投影。
4-22　求半球被截割后的 *V* 面投影和 *W* 面投影。
平面与曲面立体相交
班级
姓名
学号
57

4-23　求球被截割后的 H 面投影和 W 面投影。

4-24　求圆锥被截割后的 H 面投影和 W 面投影。

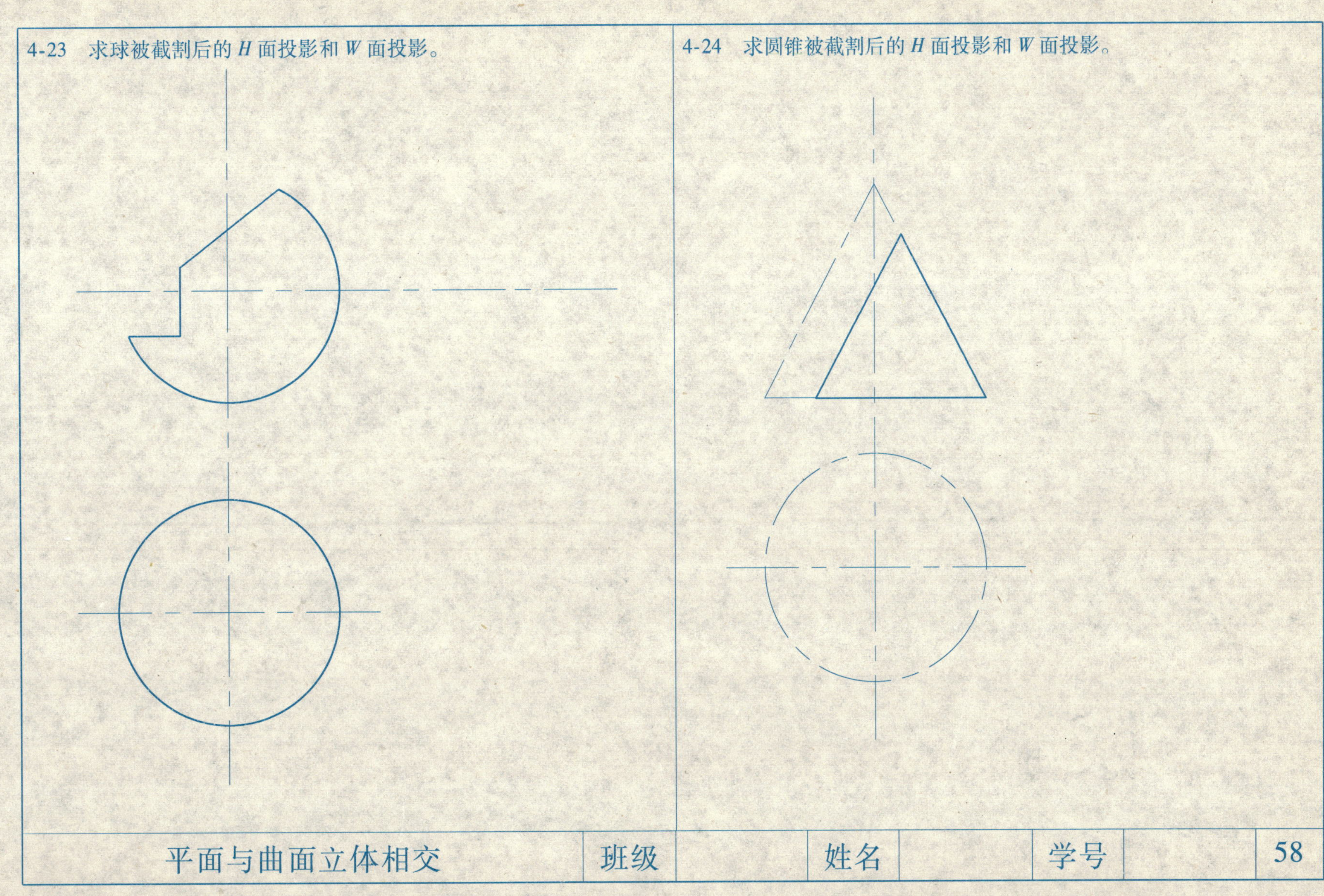

4-25 求直线对三棱柱的贯穿点并判定可见性。

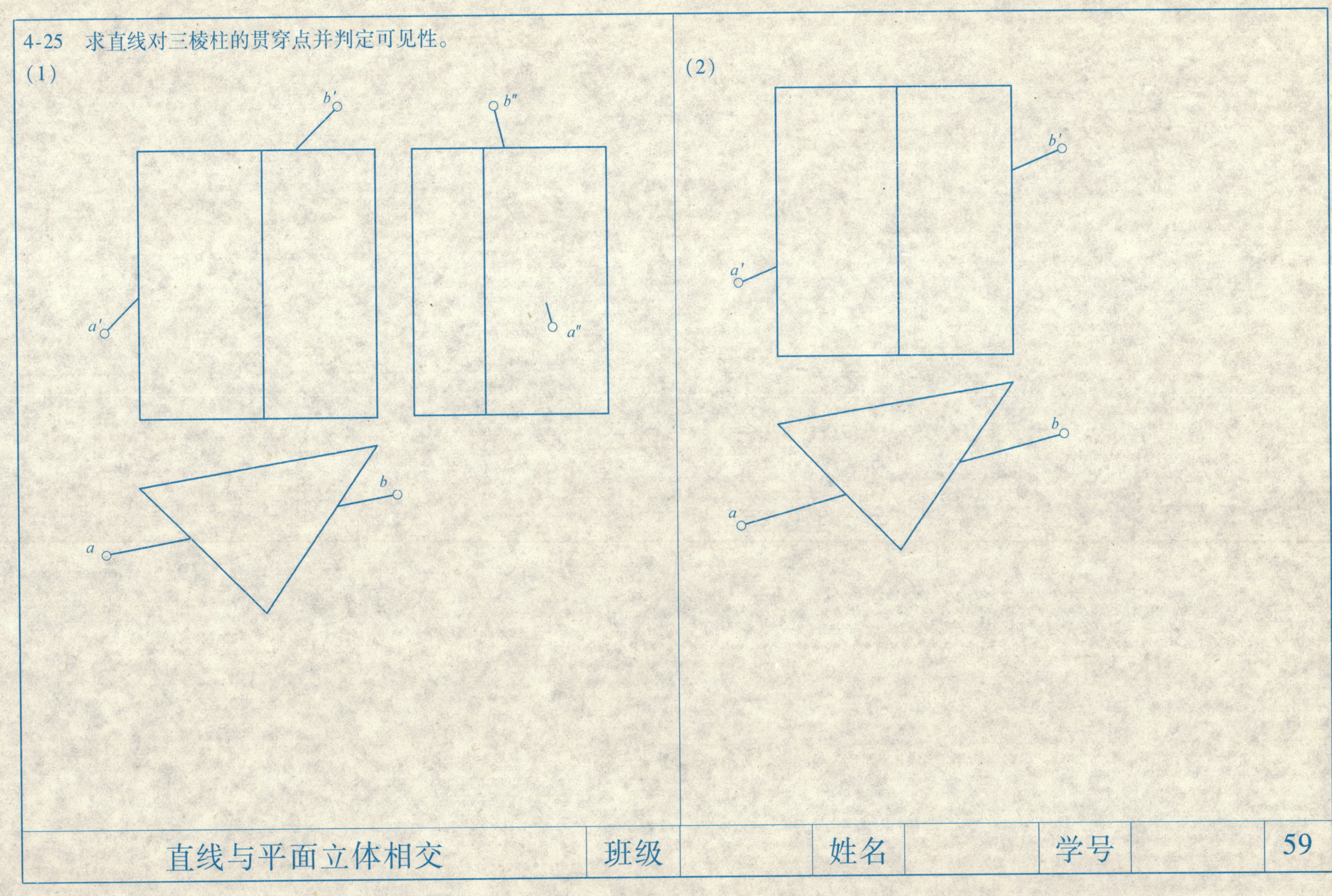

直线与平面立体相交	班级		姓名		学号		59

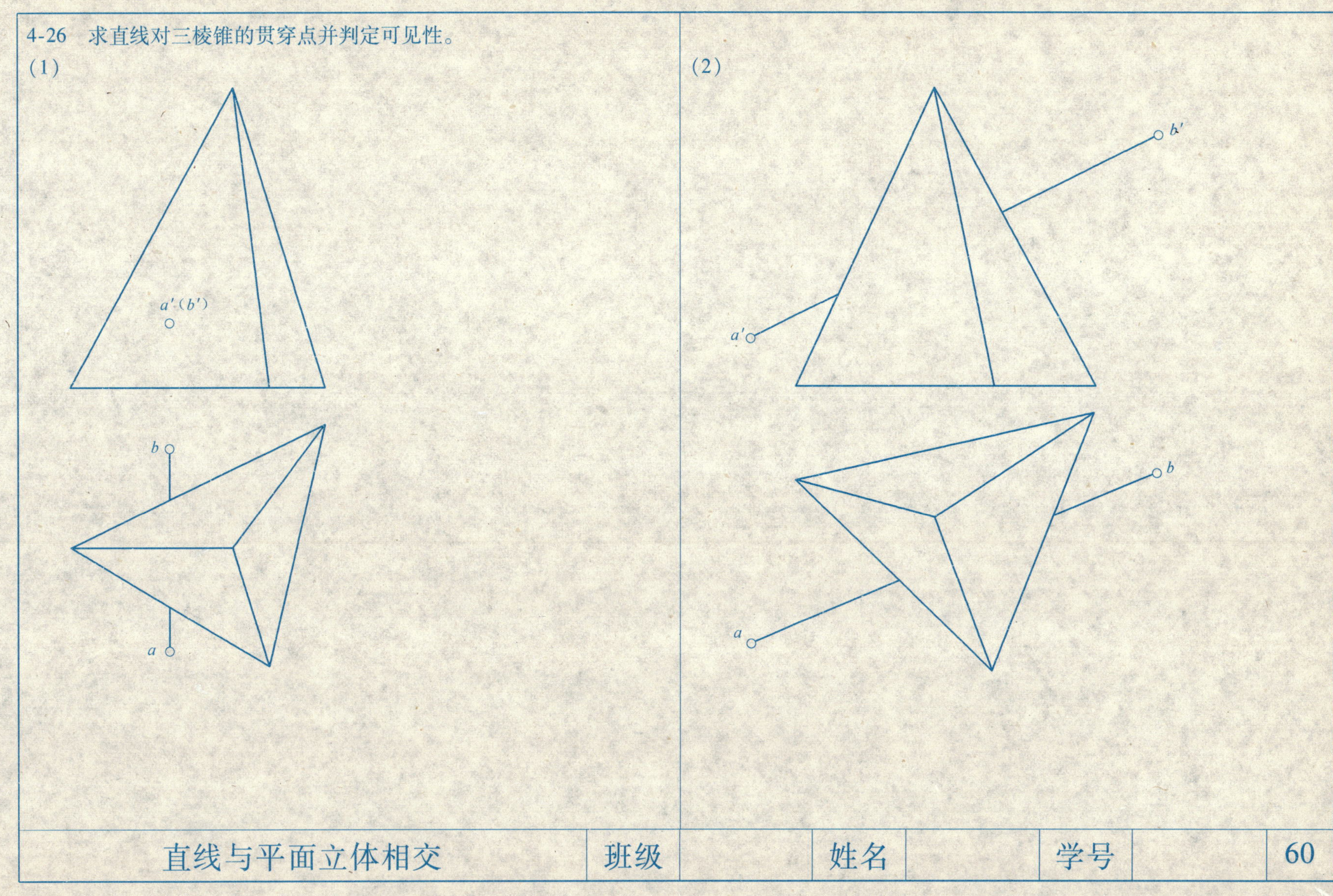
4-26 求直线对三棱锥的贯穿点并判定可见性。
(1)
a′(b′)
b
a
(2)
b′
a′
b
a
直线与平面立体相交
班级
姓名
学号
60

4-27 求直线对圆柱贯穿点。

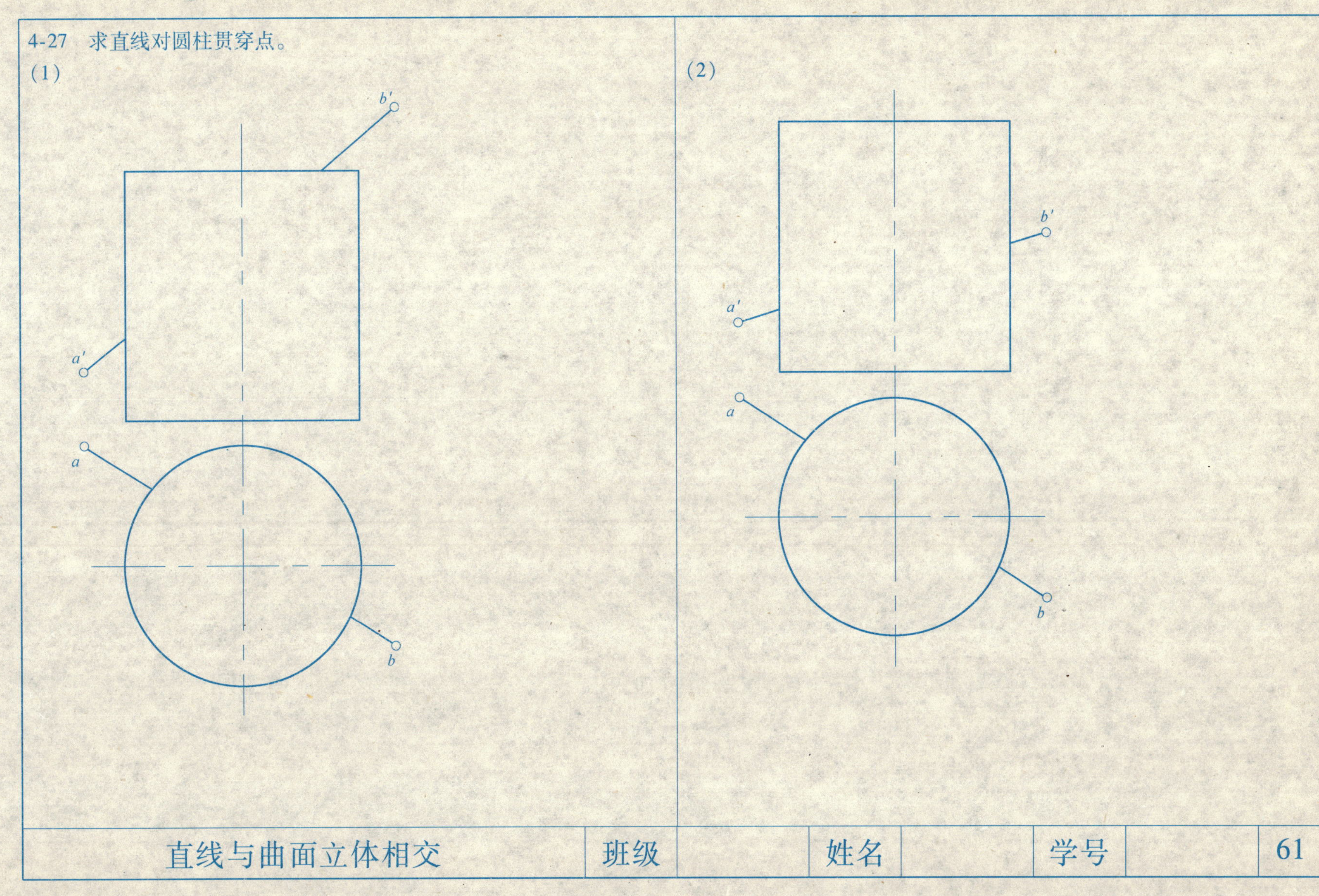

4-28 求直线对圆锥的贯穿点。

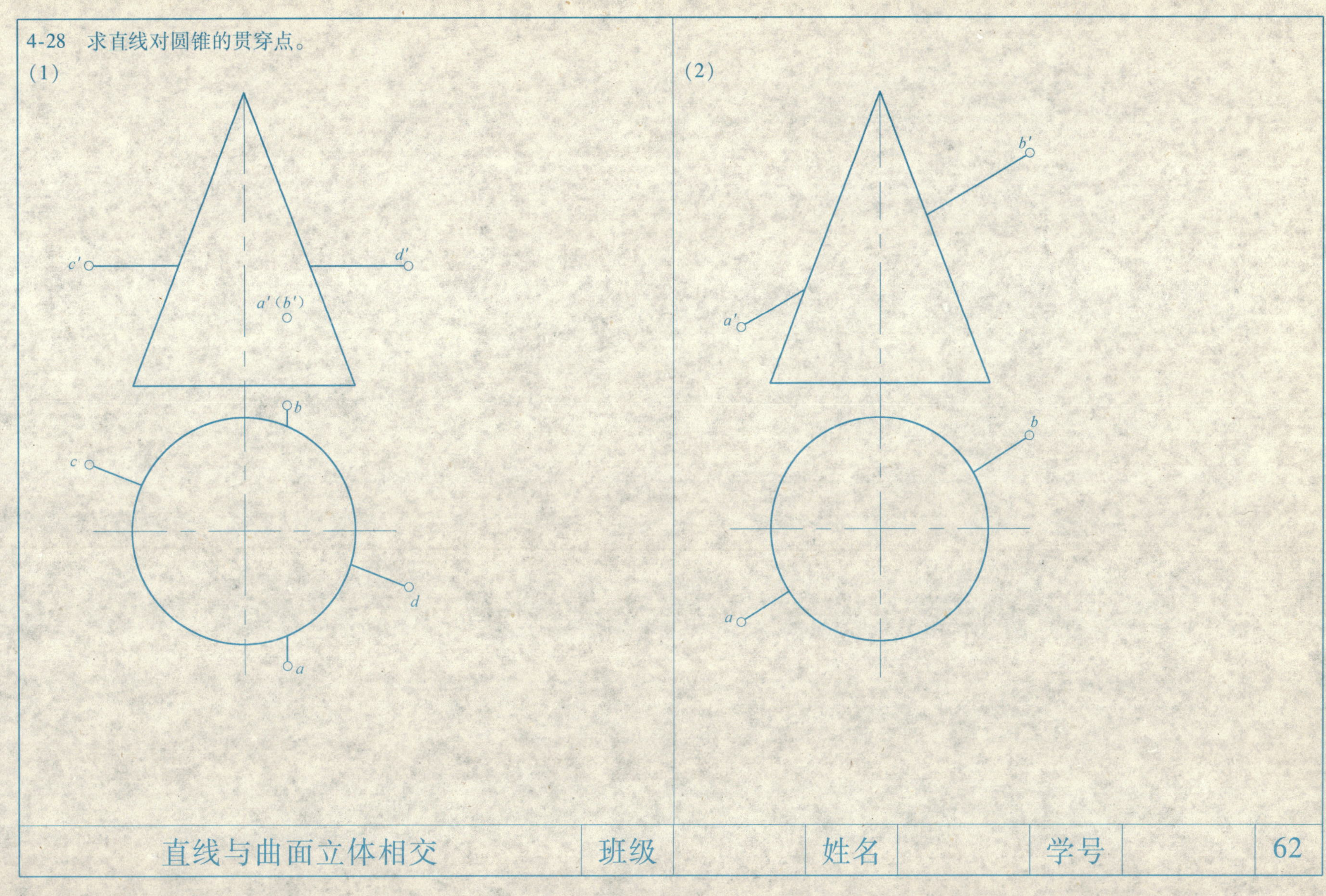

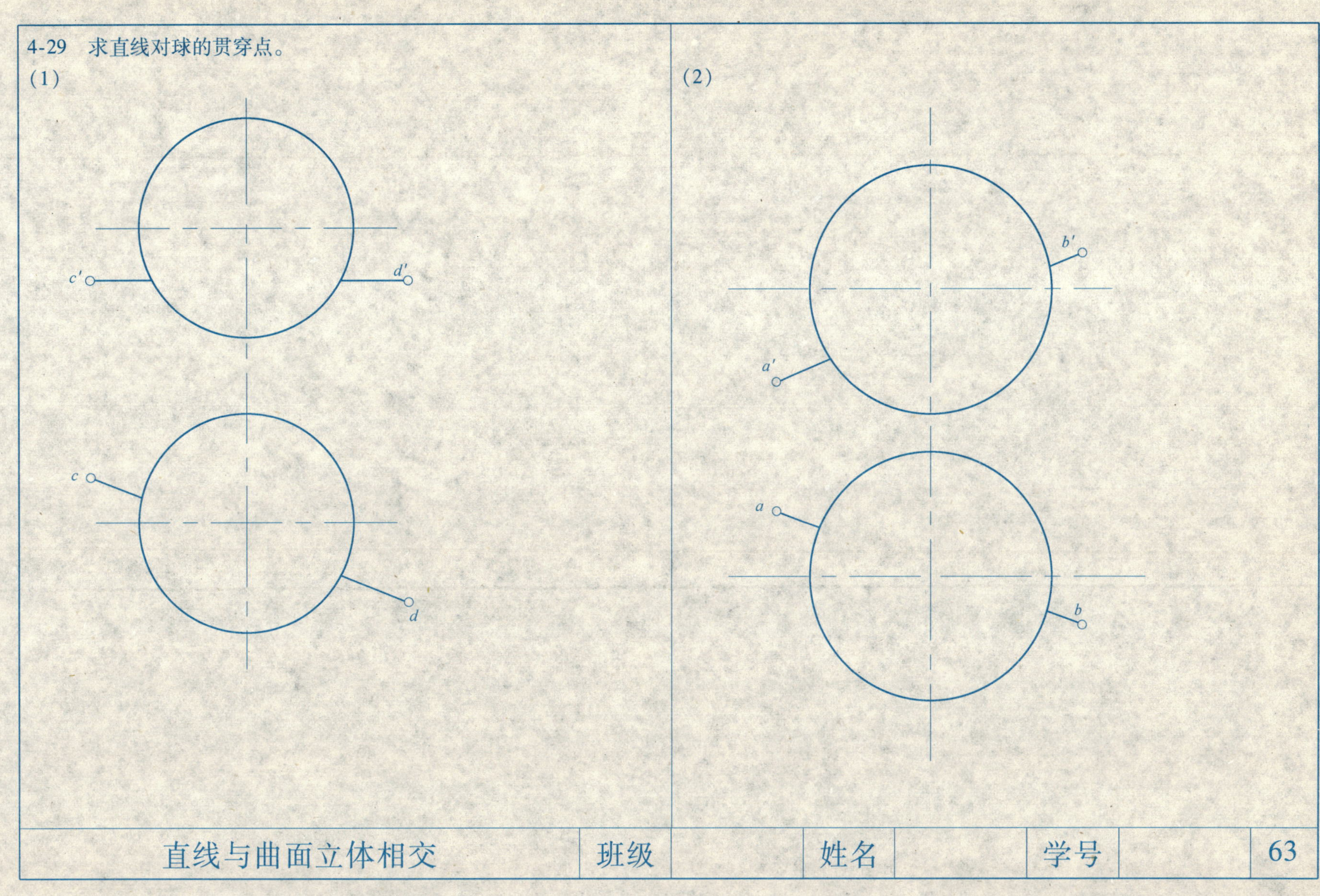
4-29 求直线对球的贯穿点。
(1)
c'
d'
c
d
(2)
b'
a'
a
b
直线与曲面立体相交
班级
姓名
学号
63

4-30　求两三棱柱的相贯线。

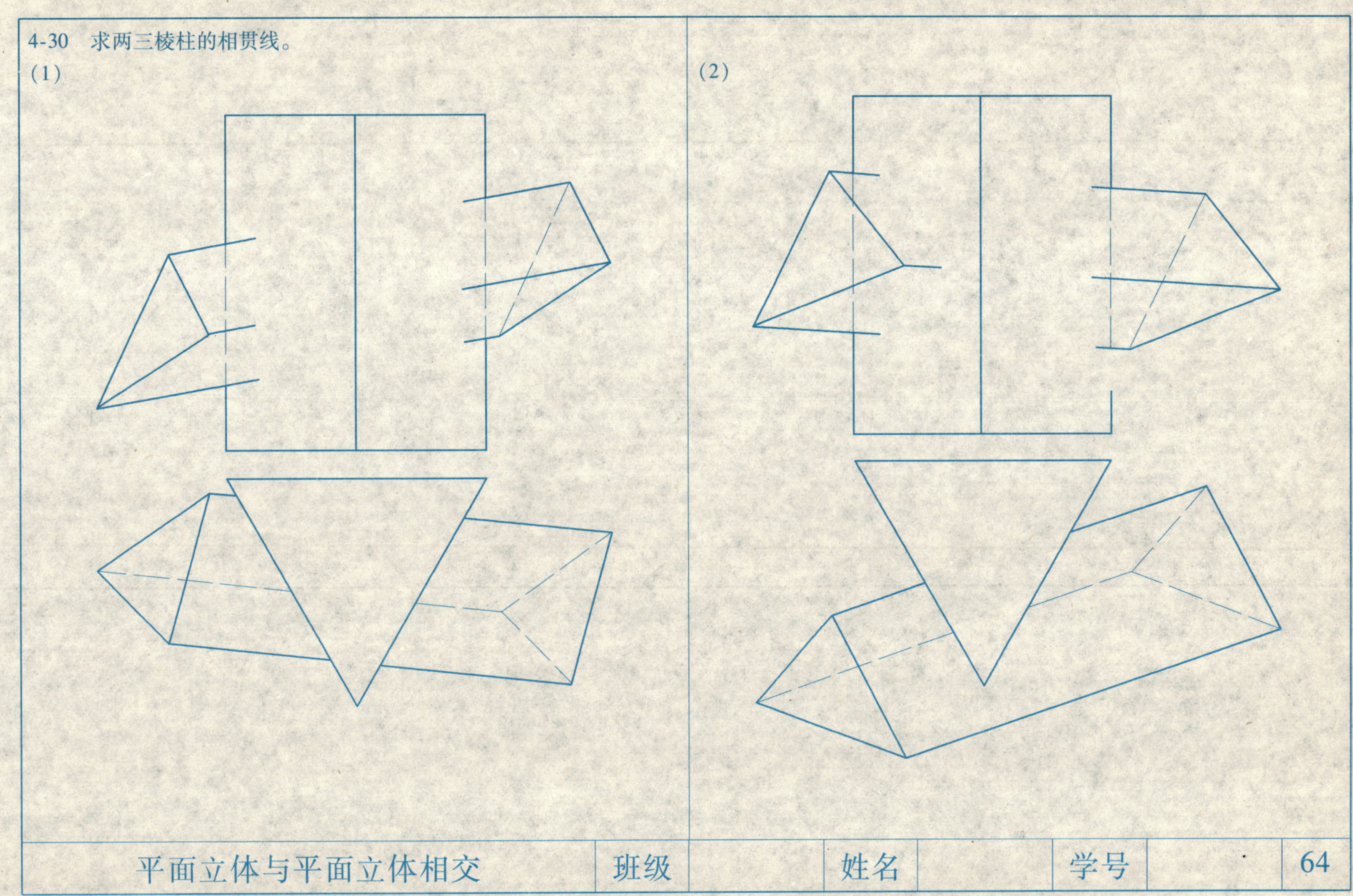

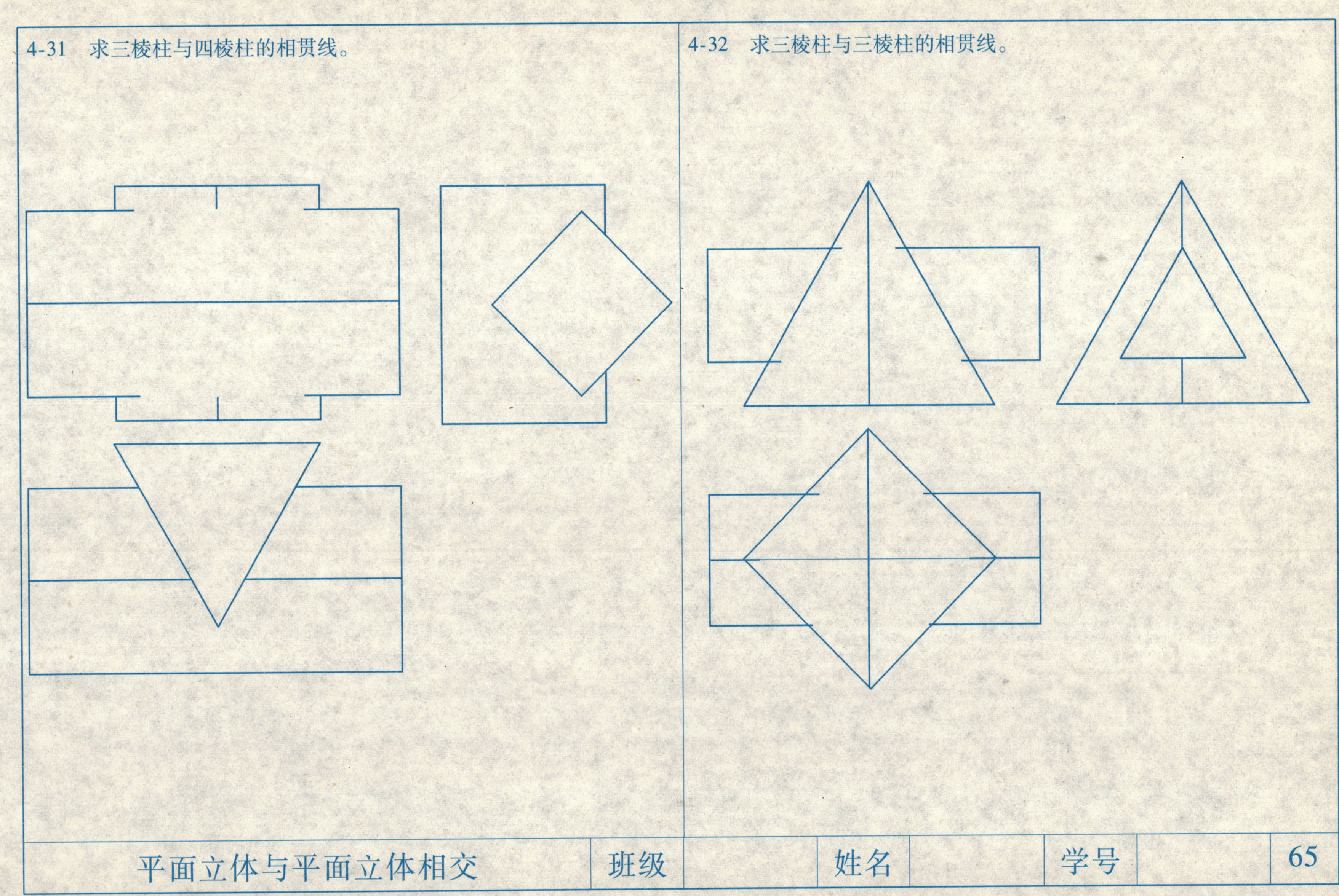
4-31　求三棱柱与四棱柱的相贯线。
4-32　求三棱柱与三棱柱的相贯线。

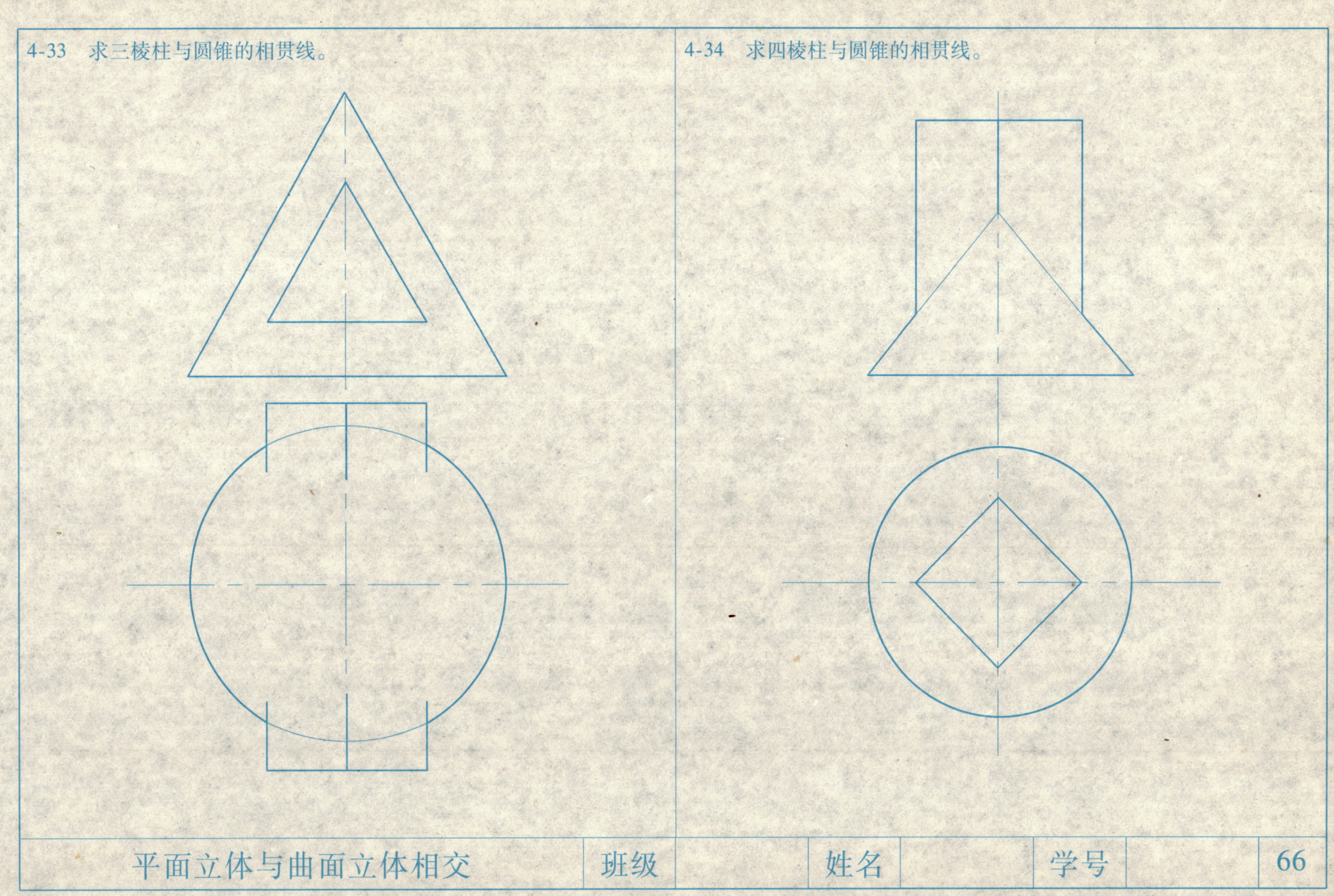

4-33　求三棱柱与圆锥的相贯线。
4-34　求四棱柱与圆锥的相贯线。

4-35　求圆柱与四棱锥的相贯线。

4-36　求半球与四棱柱的相贯线。

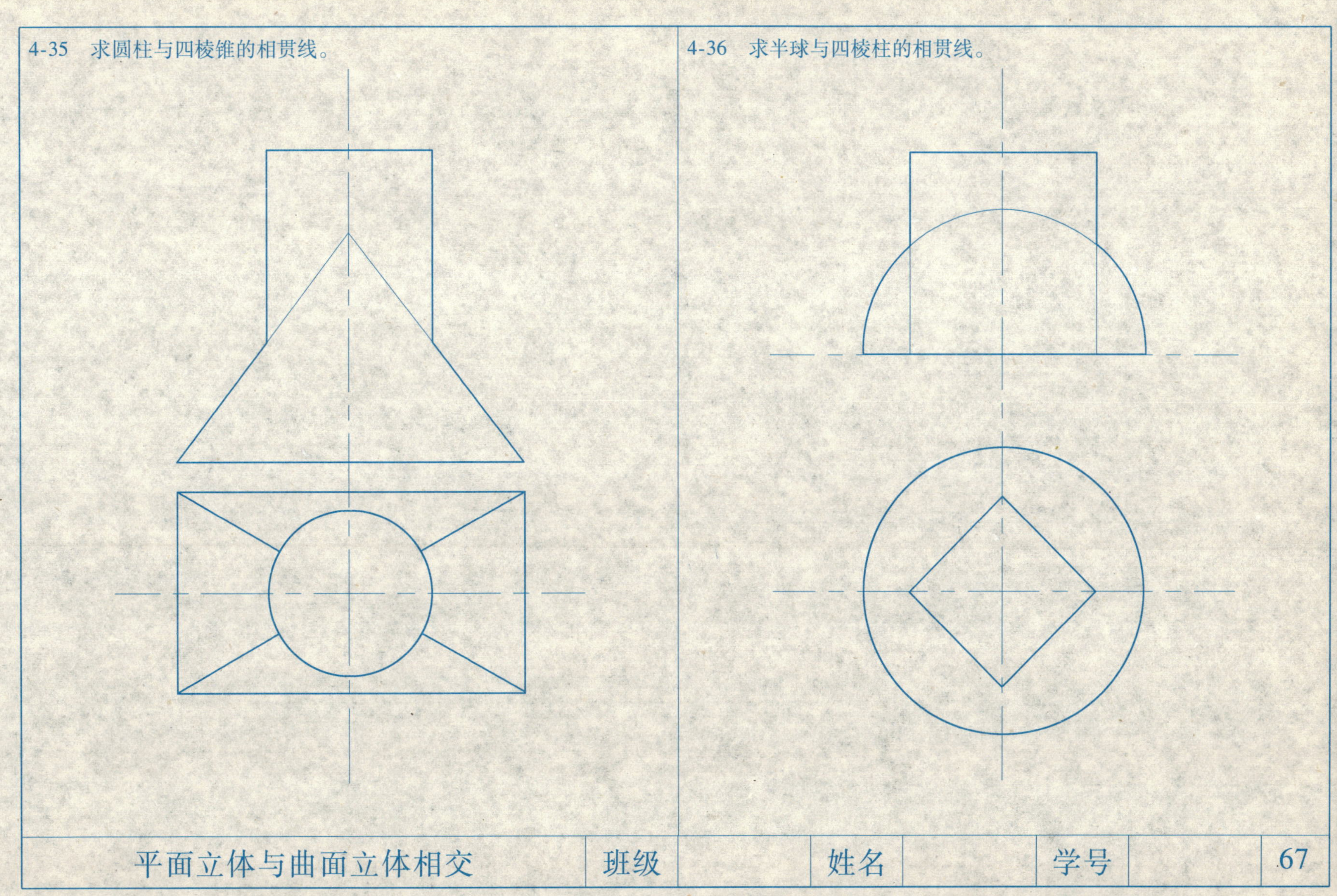

4-37 求半圆柱与圆柱的相贯线。

4-38 求圆柱与圆锥的相贯线。

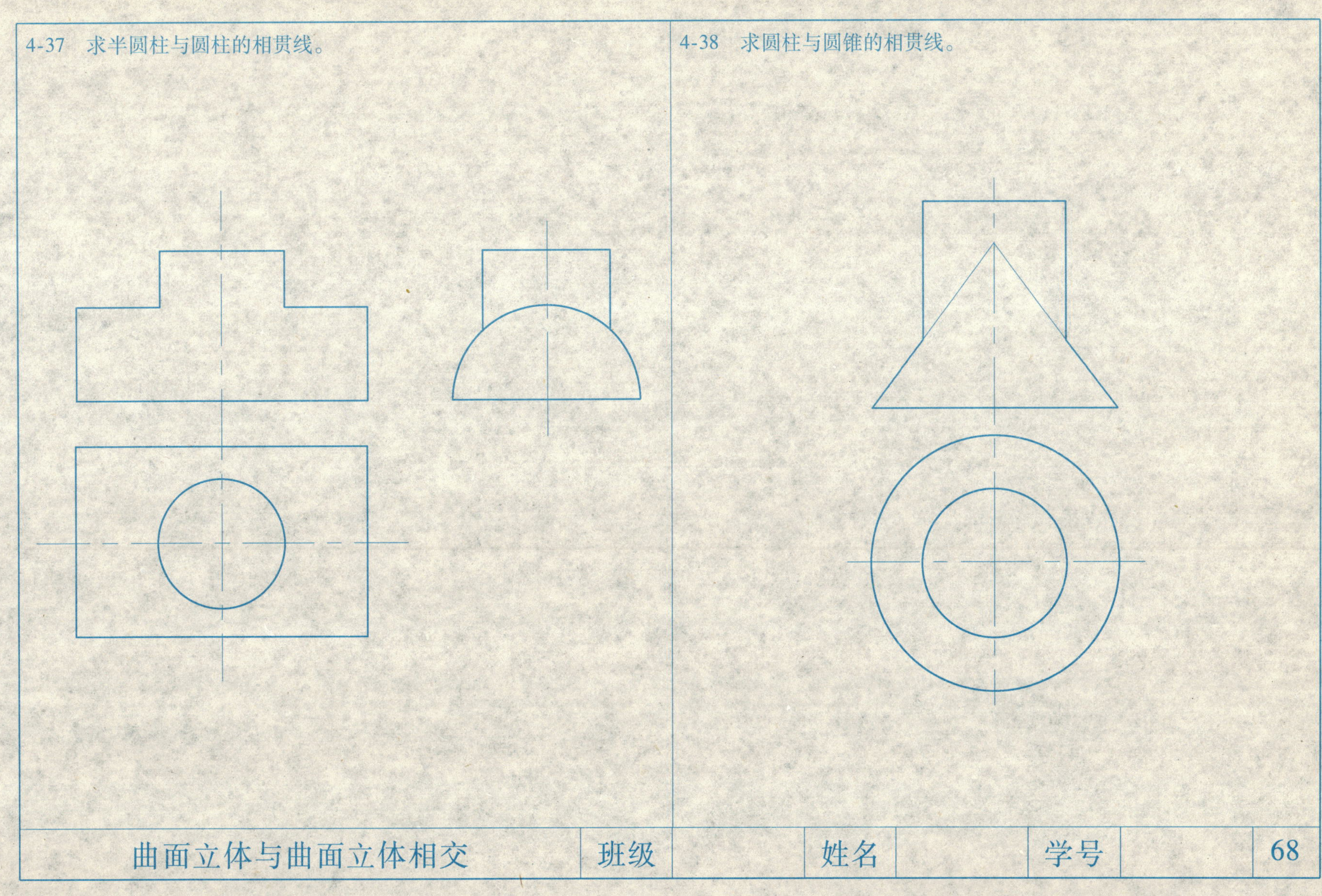

4-39 求圆柱与圆台的相贯线。

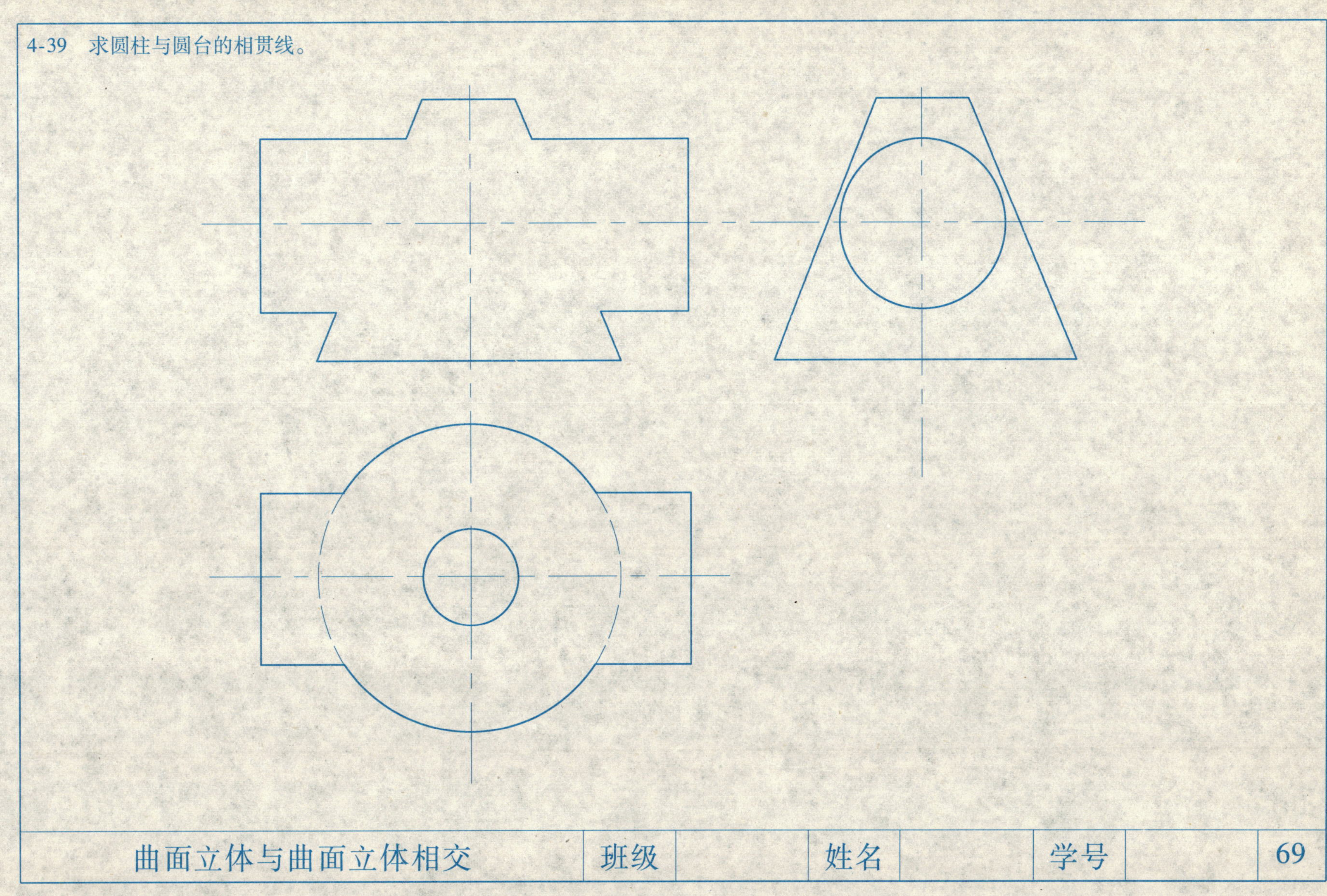

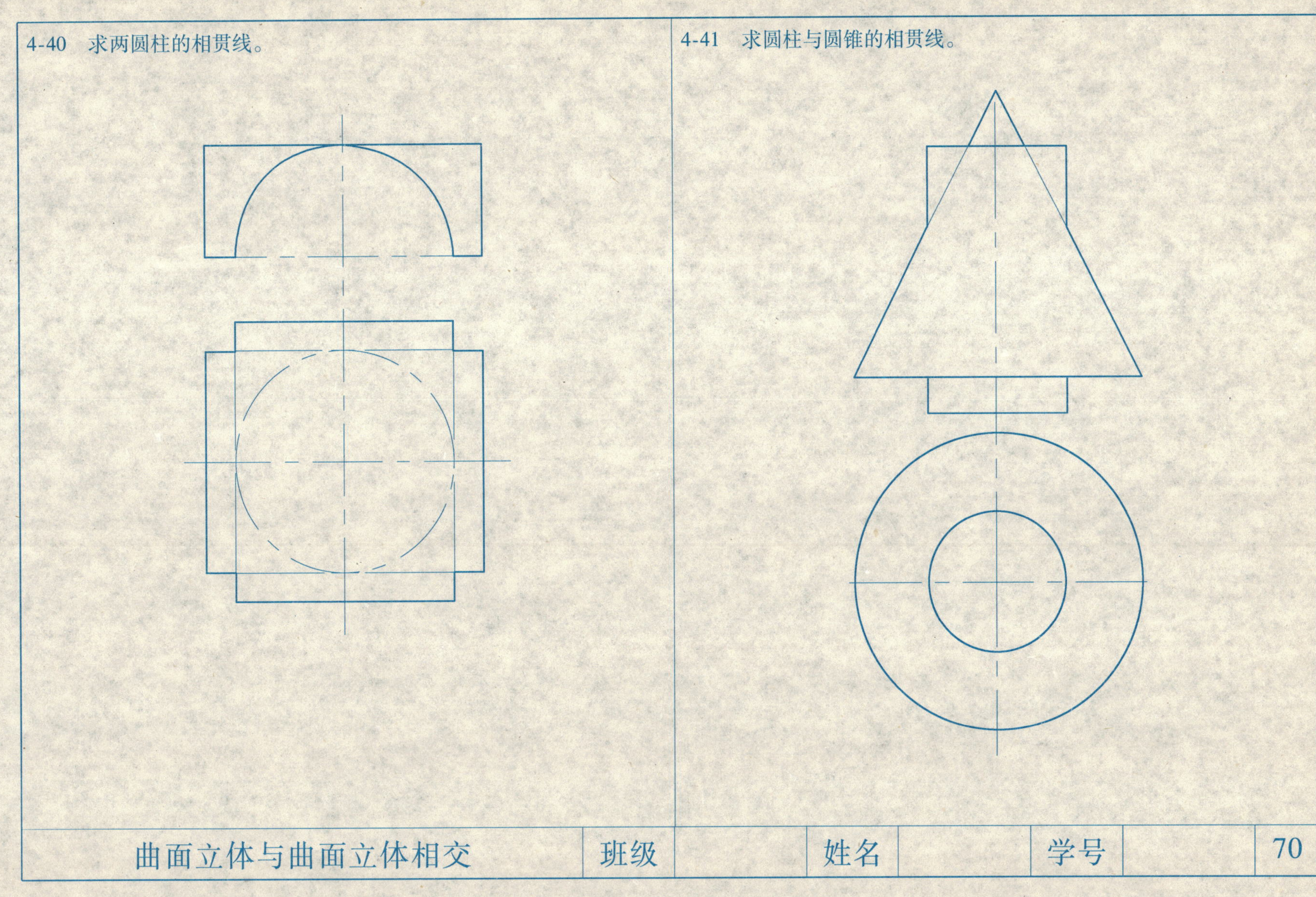

曲面立体与曲面立体相交 | 班级 | 姓名 | 学号

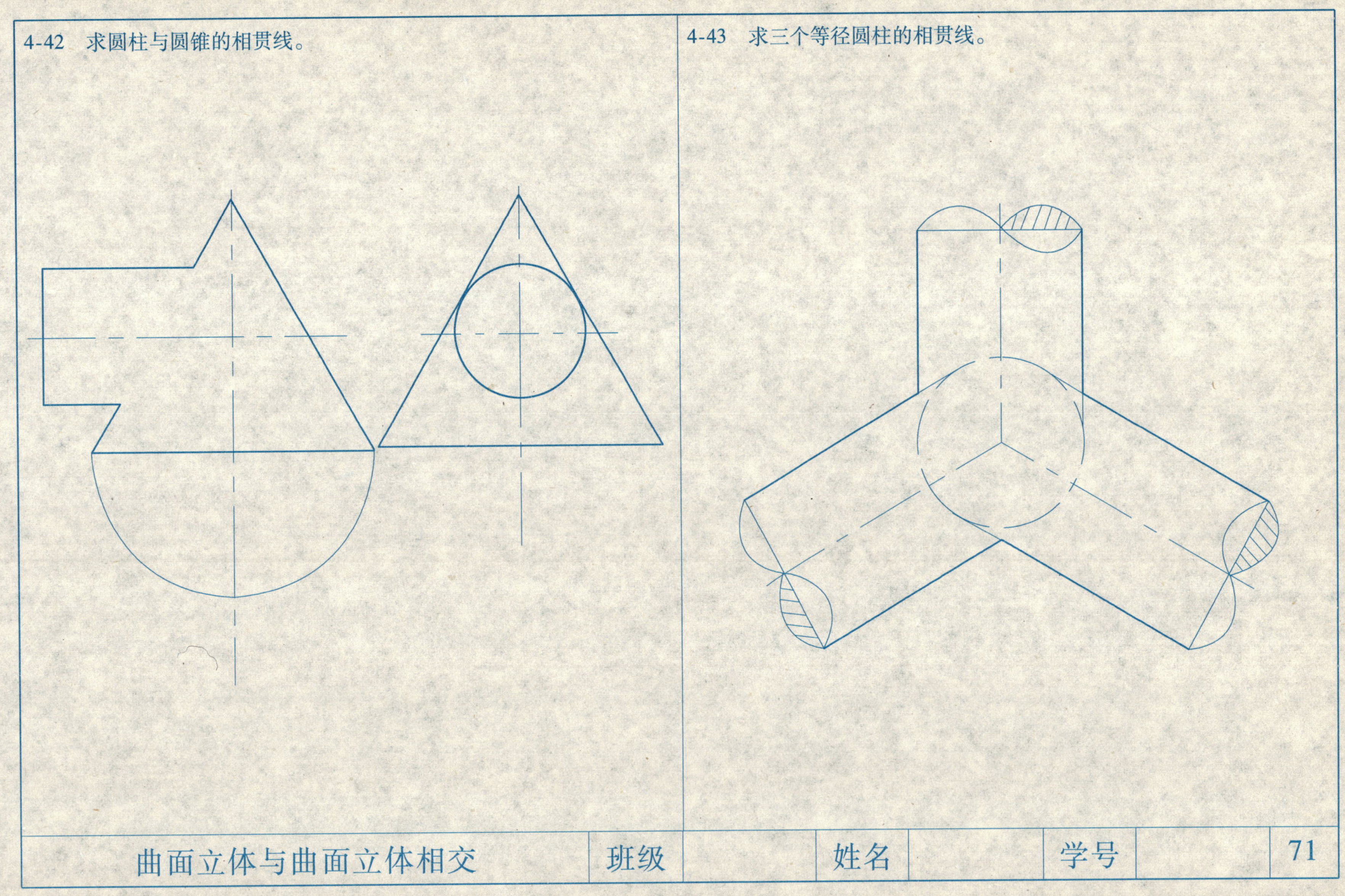

4-42　求圆柱与圆锥的相贯线。

4-43　求三个等径圆柱的相贯线。

4-44　已知四坡屋面的倾角 $\alpha=30°$，求作其屋面交线。

4-45　已知四坡屋顶的倾角 $\alpha=30°$，求作其屋面交线。

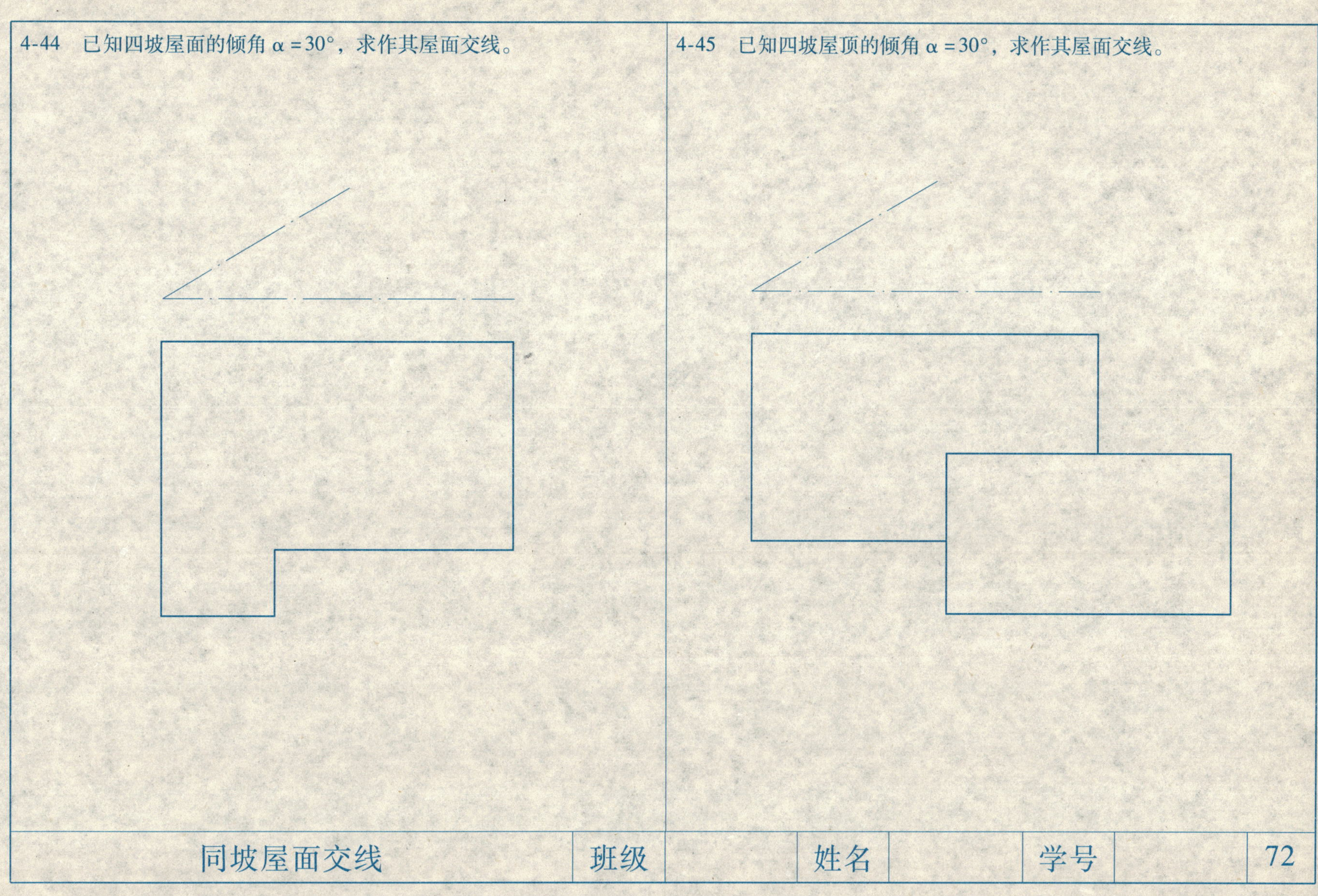

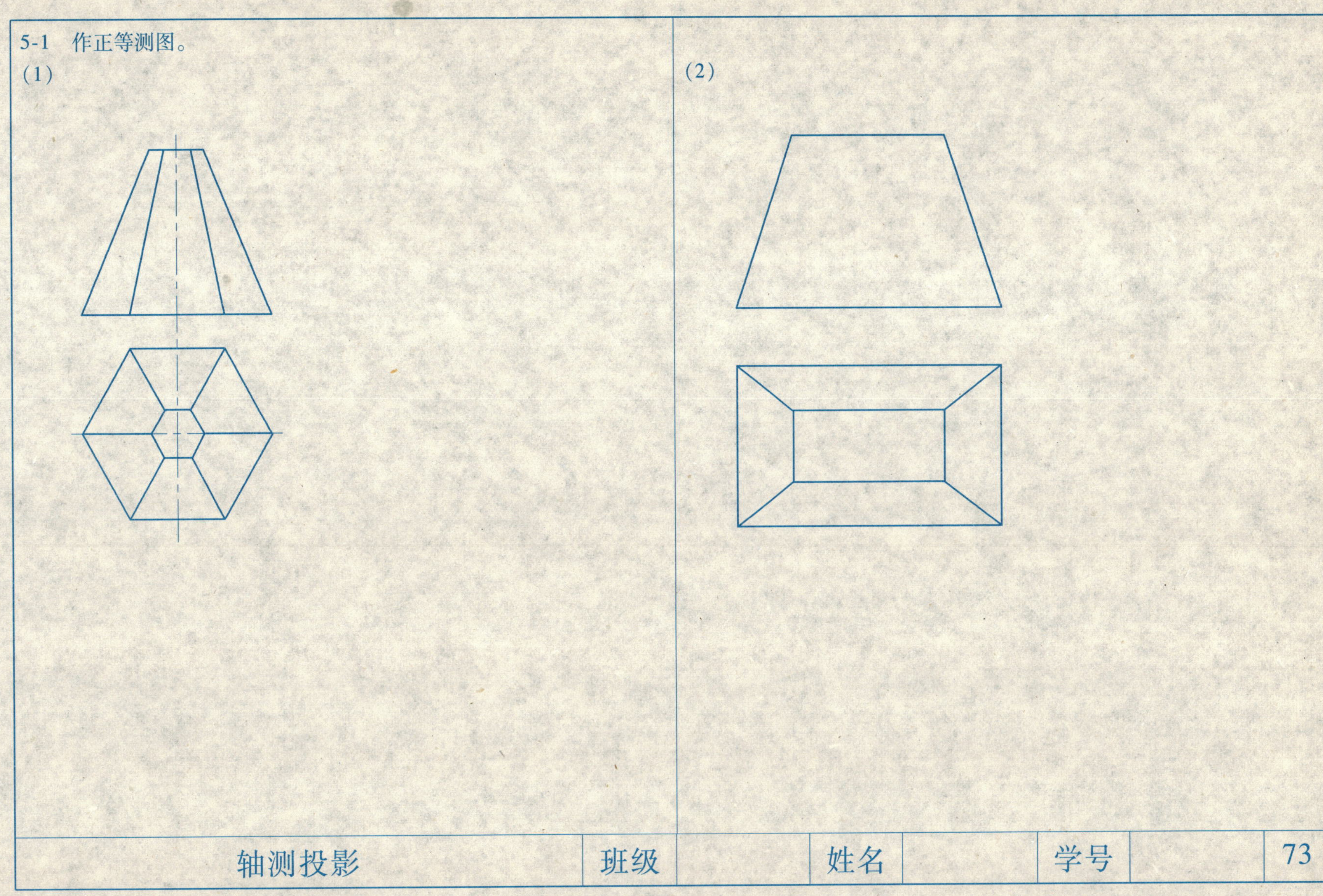
5-1 作正等测图。
(1)
(2)

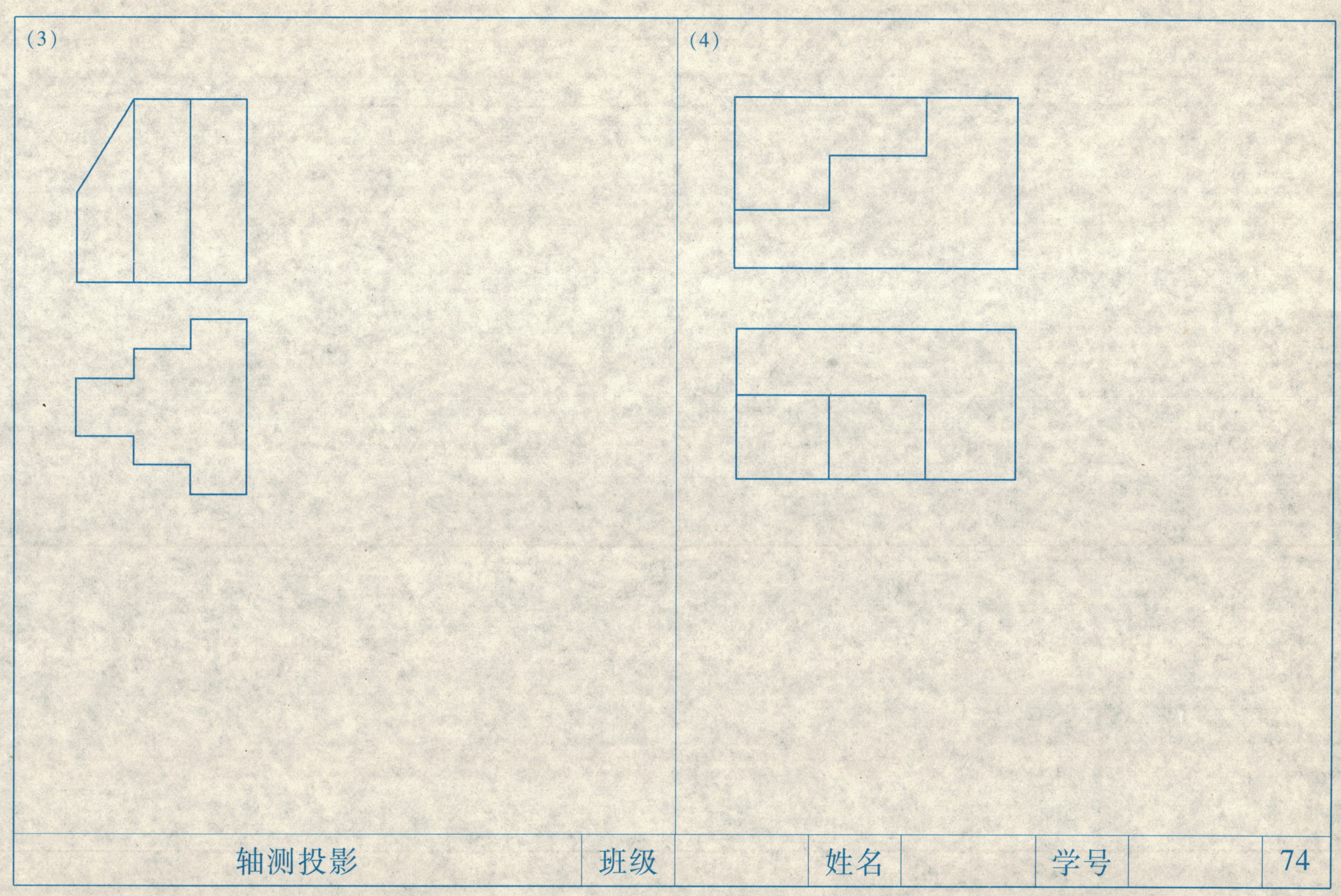
(3)
(4)

5-2　作正二测图。

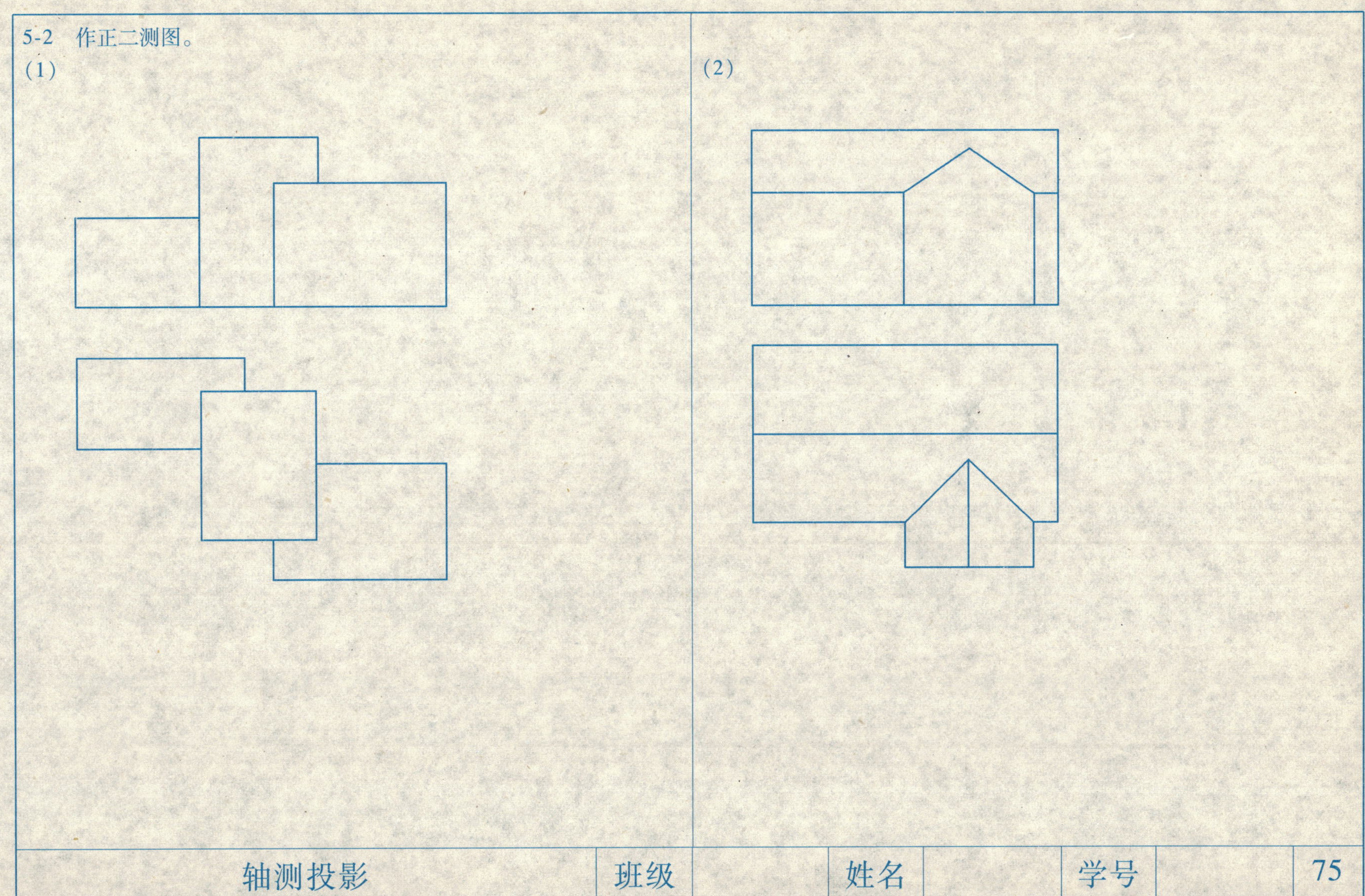

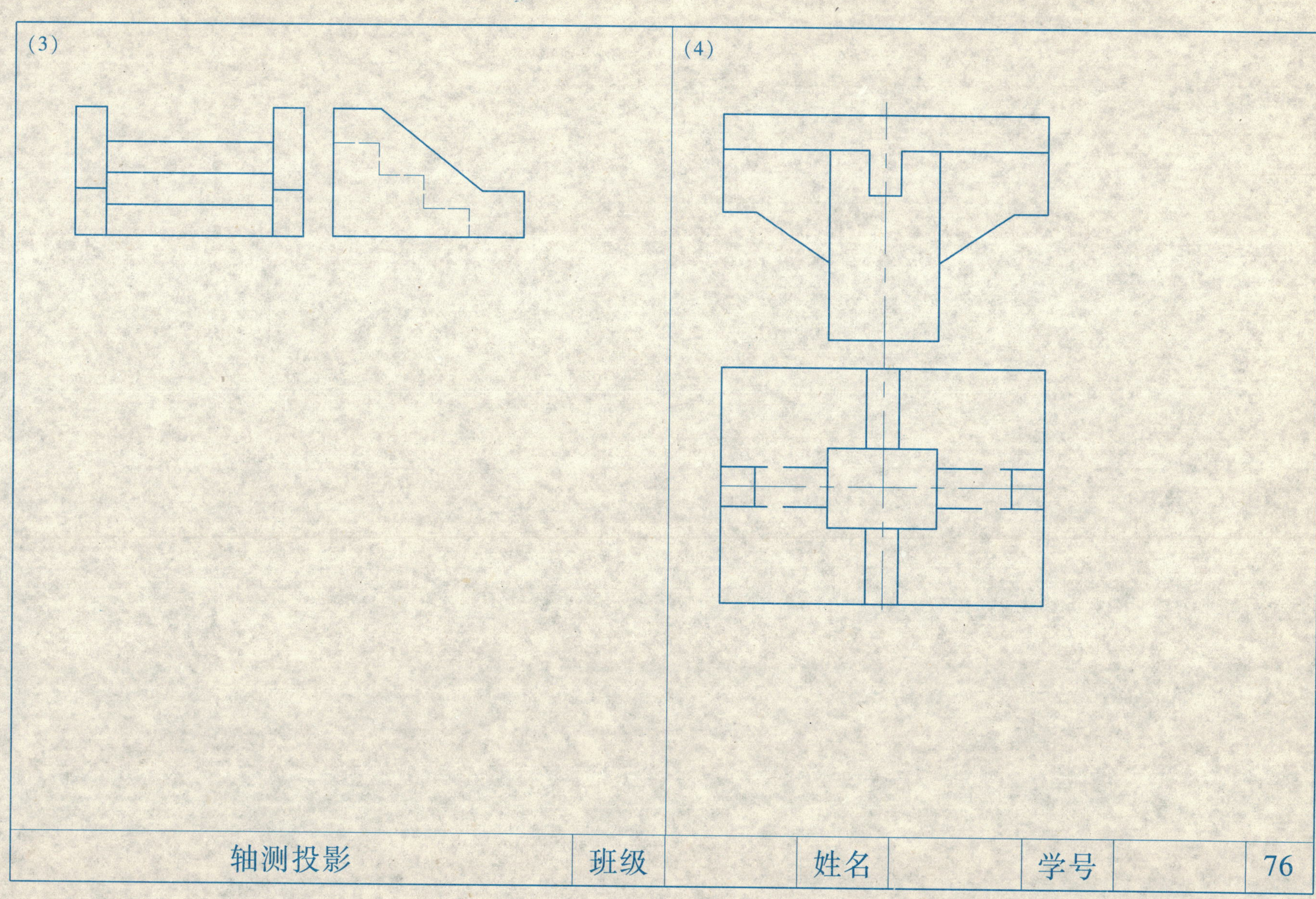
(3)
(4)

5-3　作曲面体的正等测图。

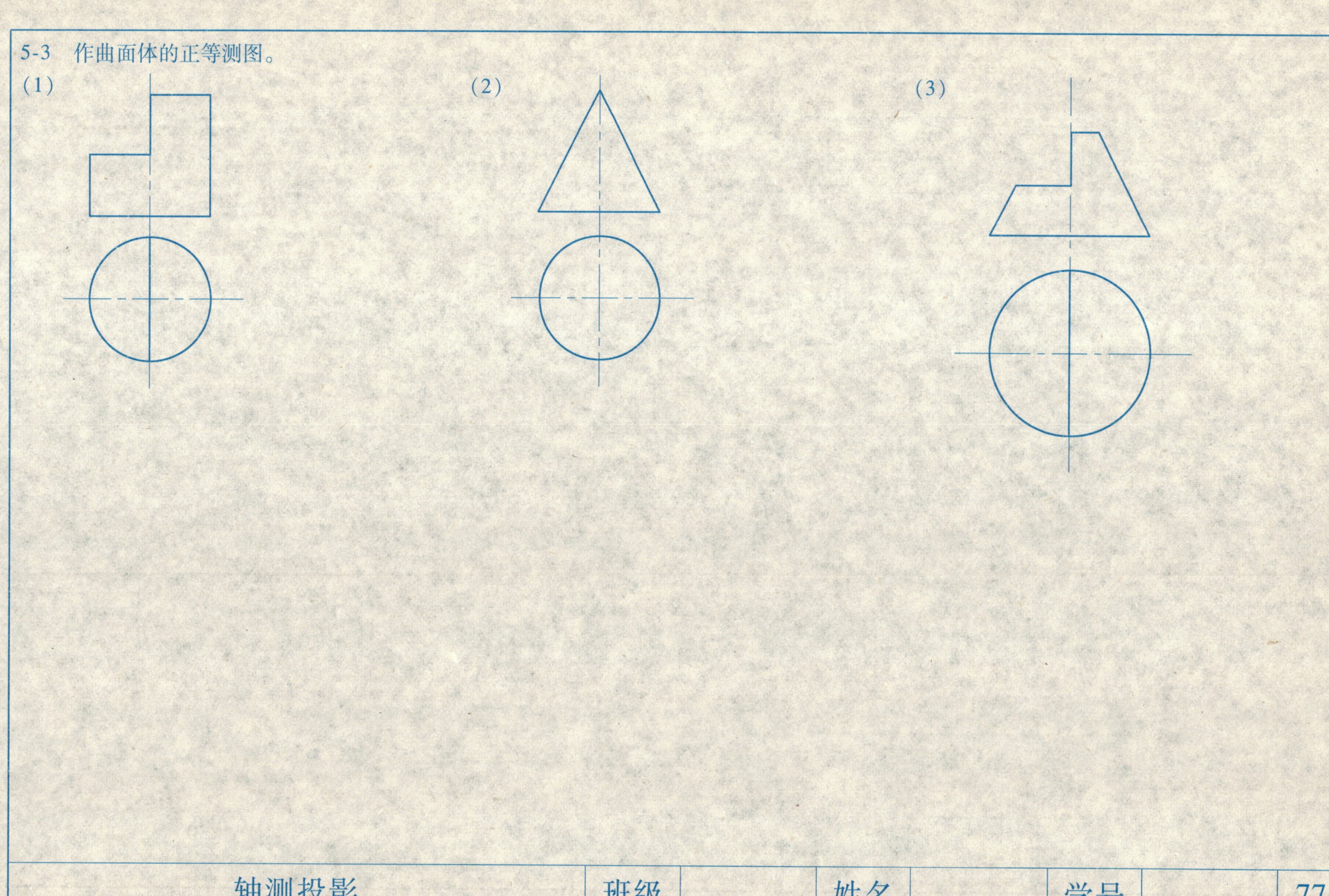

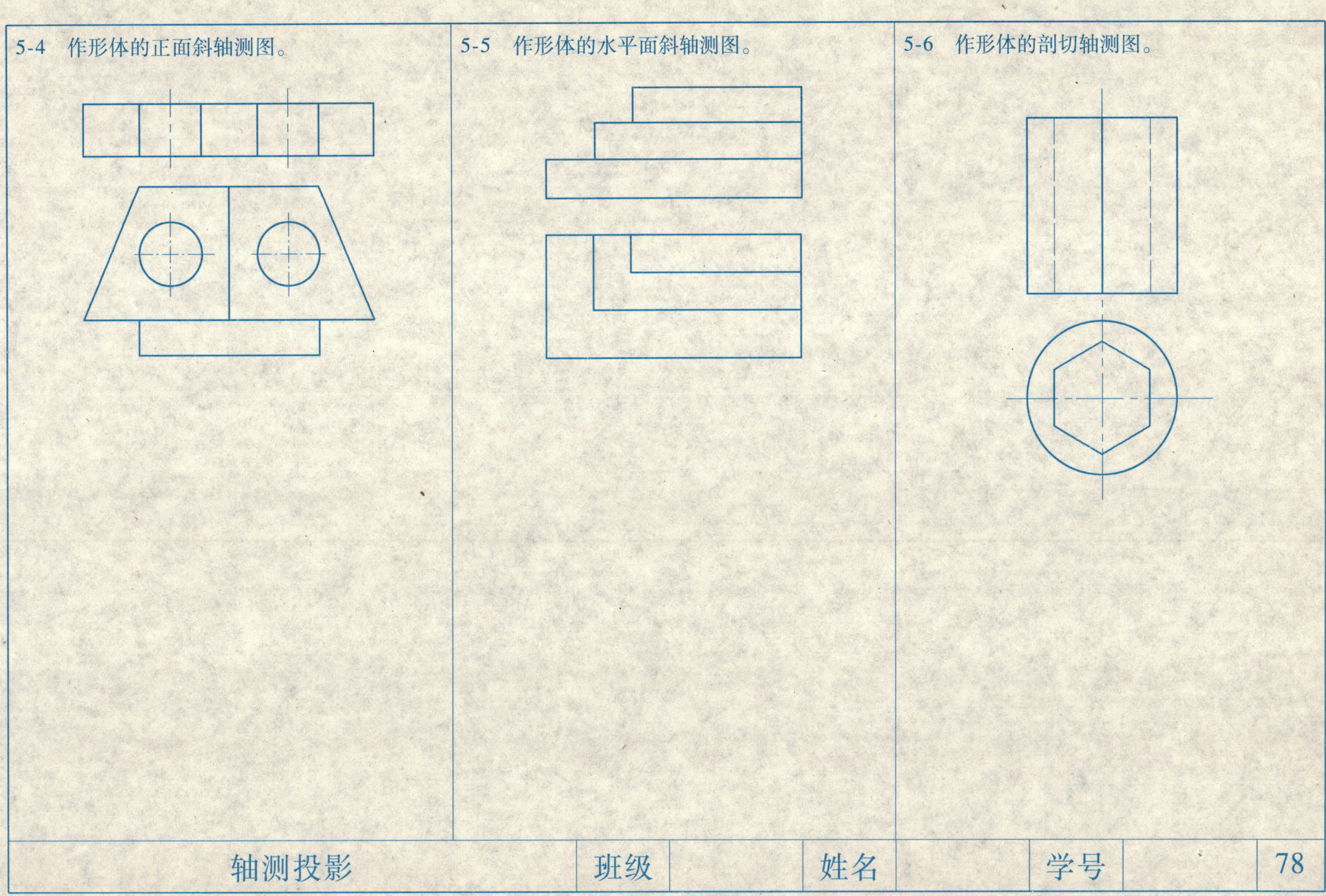
5-4　作形体的正面斜轴测图。
5-5　作形体的水平面斜轴测图。
5-6　作形体的剖切轴测图。

6-1　求作组合体的三面投影（尺寸在图中量取，比例1:1）。

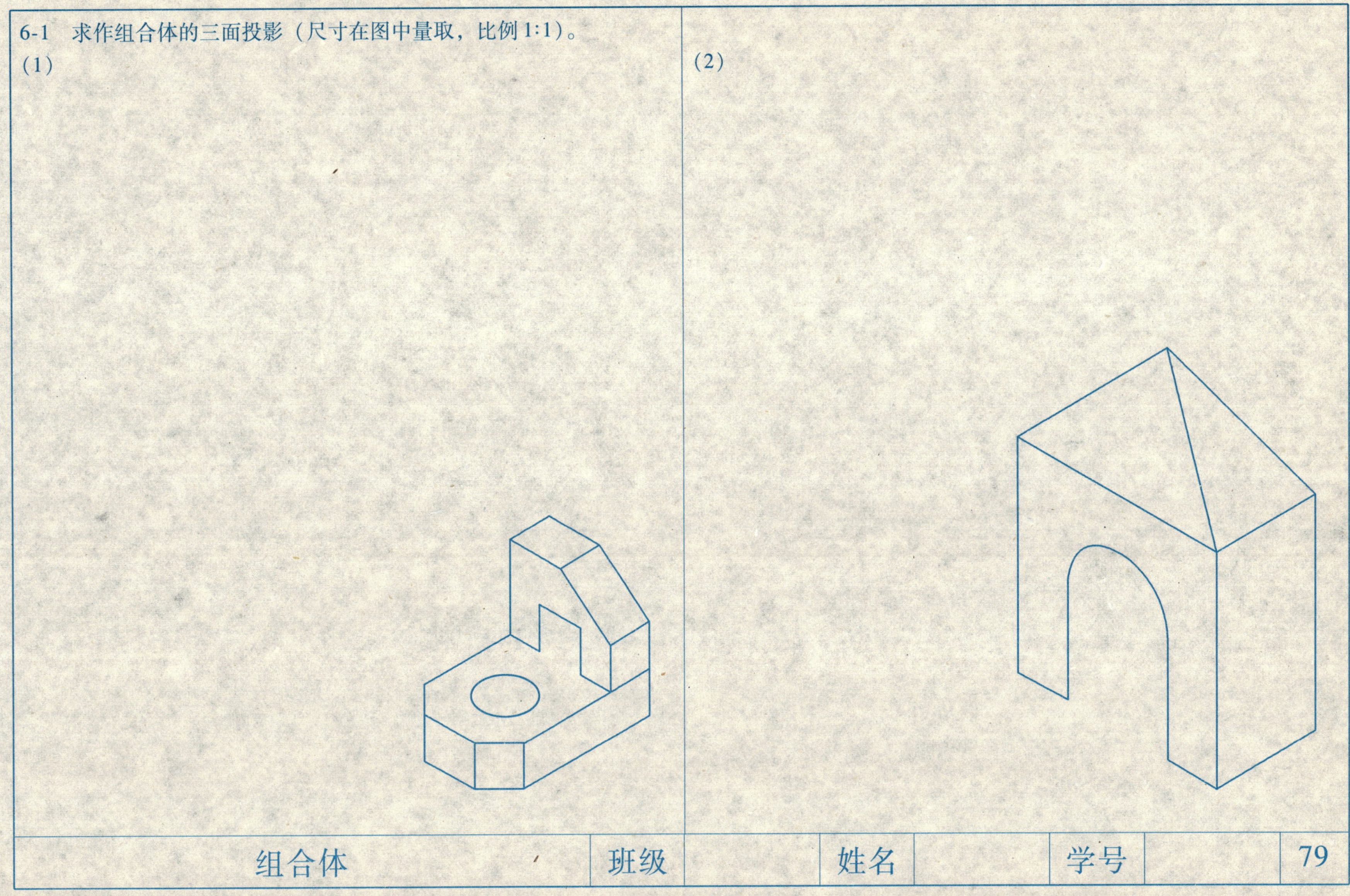

组合体	班级		姓名		学号		79

6-2　求作组合体的 *W* 面投影。

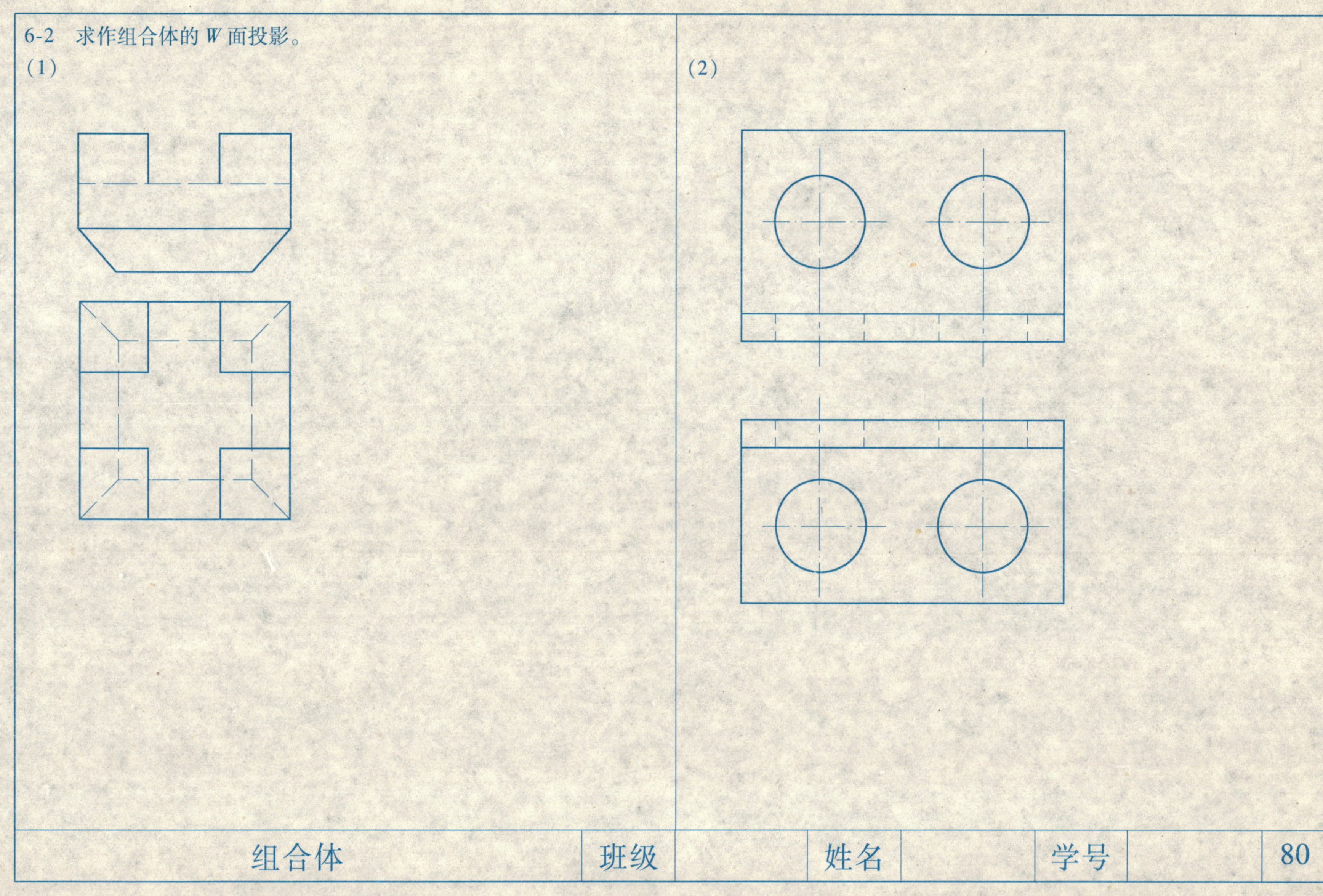

6-3　求作组合体的 *H* 面投影。

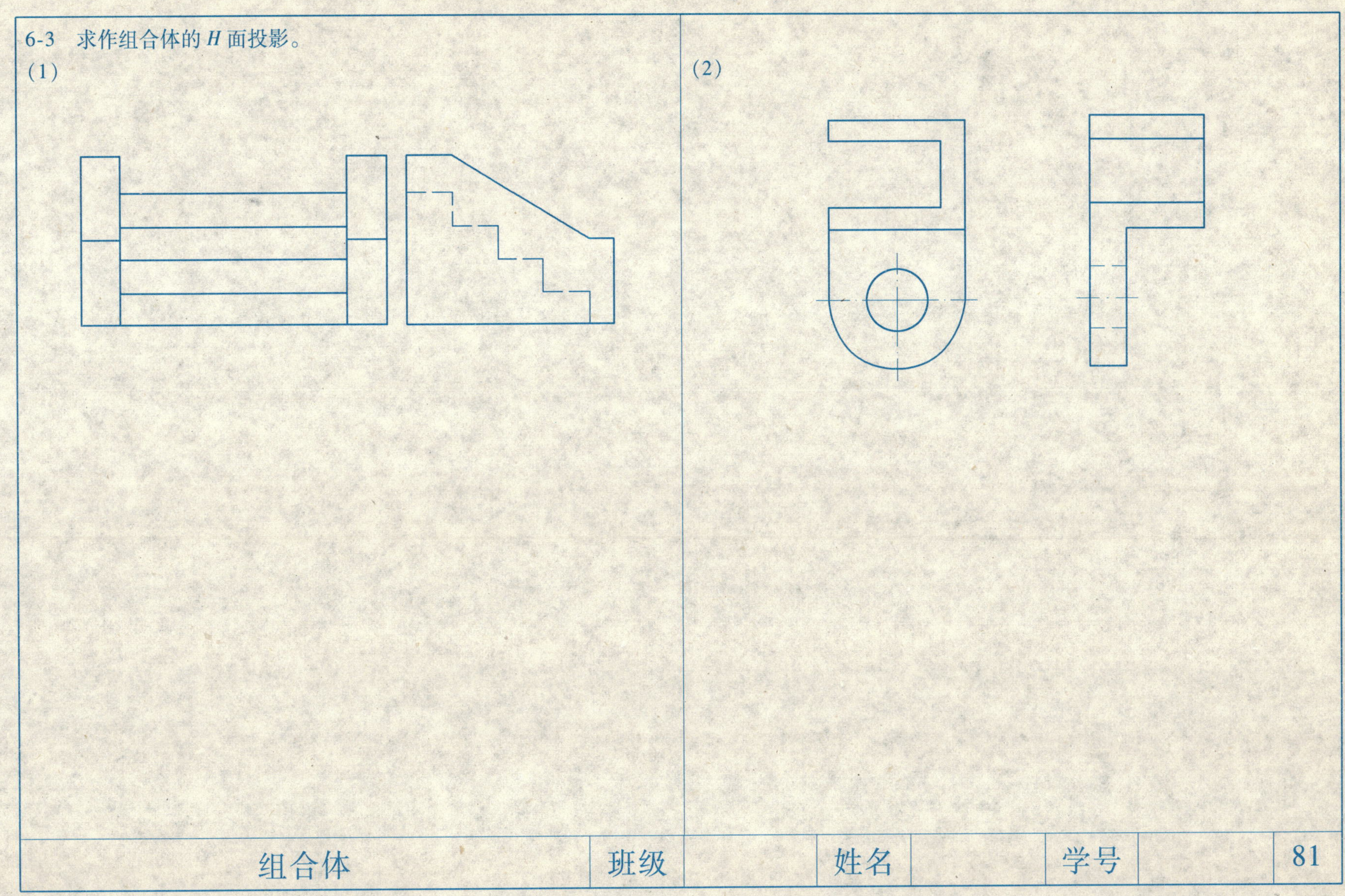

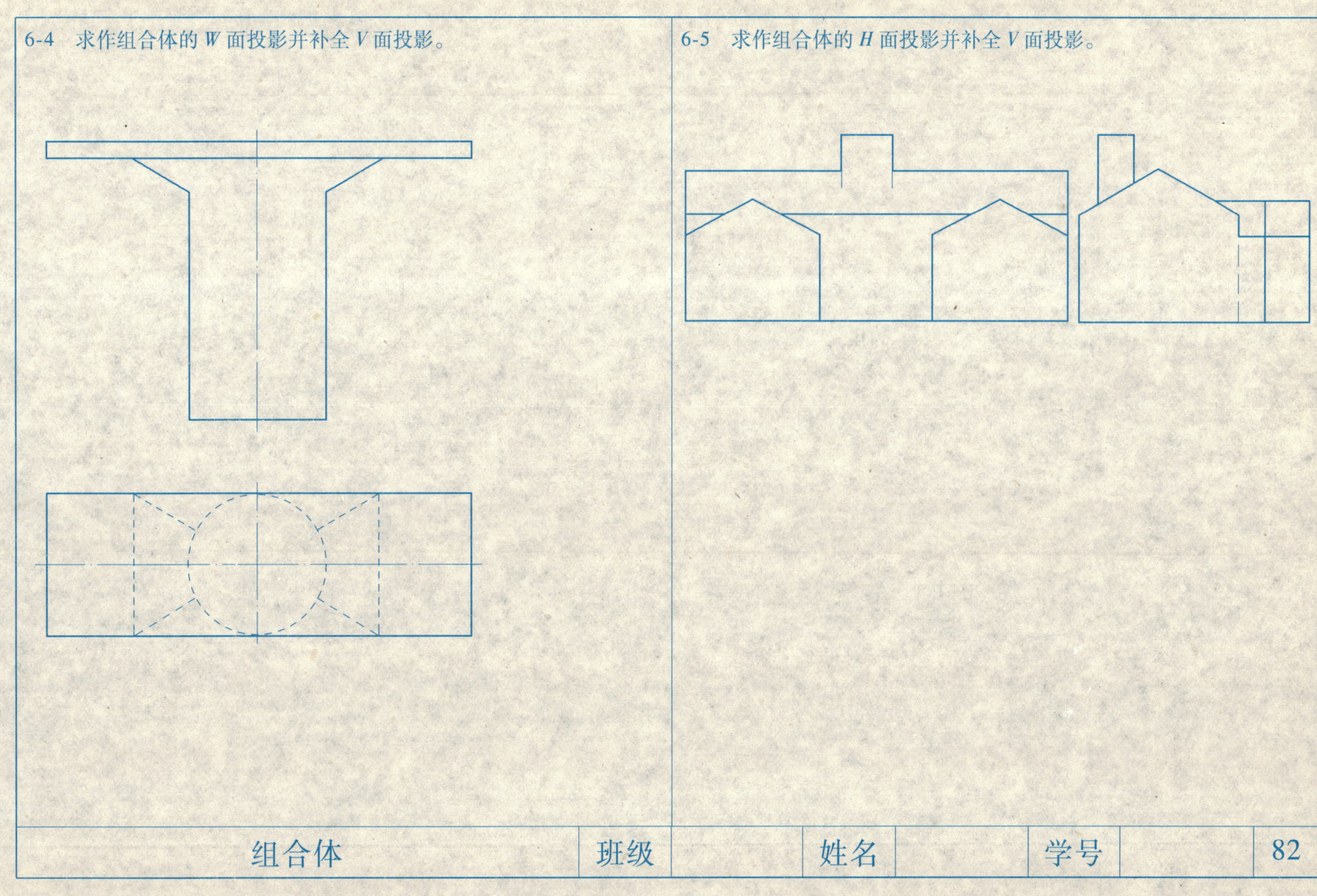
6-4 求作组合体的 W 面投影并补全 V 面投影。
6-5 求作组合体的 H 面投影并补全 V 面投影。
组合体
班级
姓名
学号
82

6-6 在图纸上用适当的比例绘制组合体三面投影图，并标注尺寸。

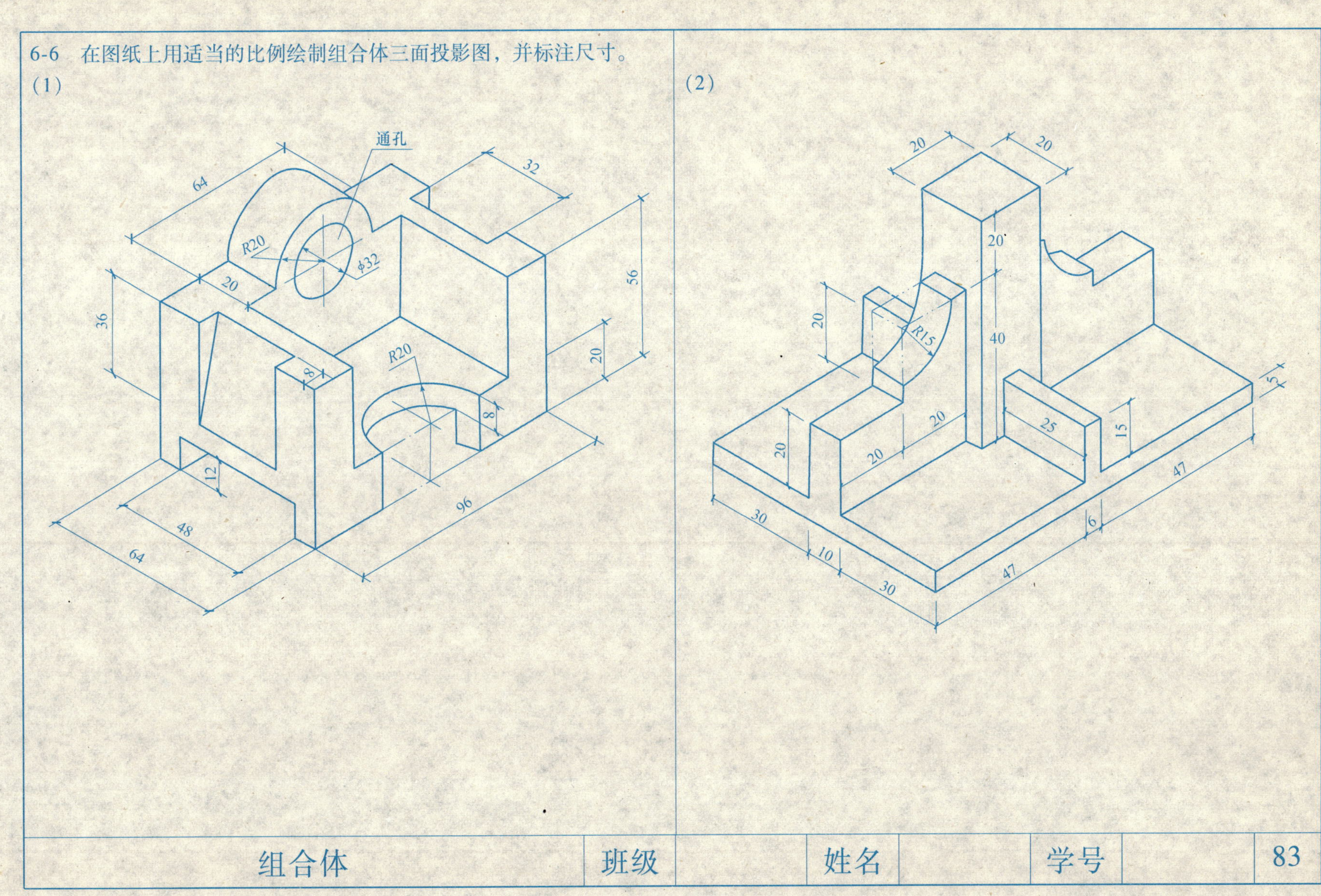

组合体	班级		姓名		学号		83

7-1　求作形体的 *W* 面投影，并将 *V* 面投影和 *W* 面投影画成合适的剖面图。

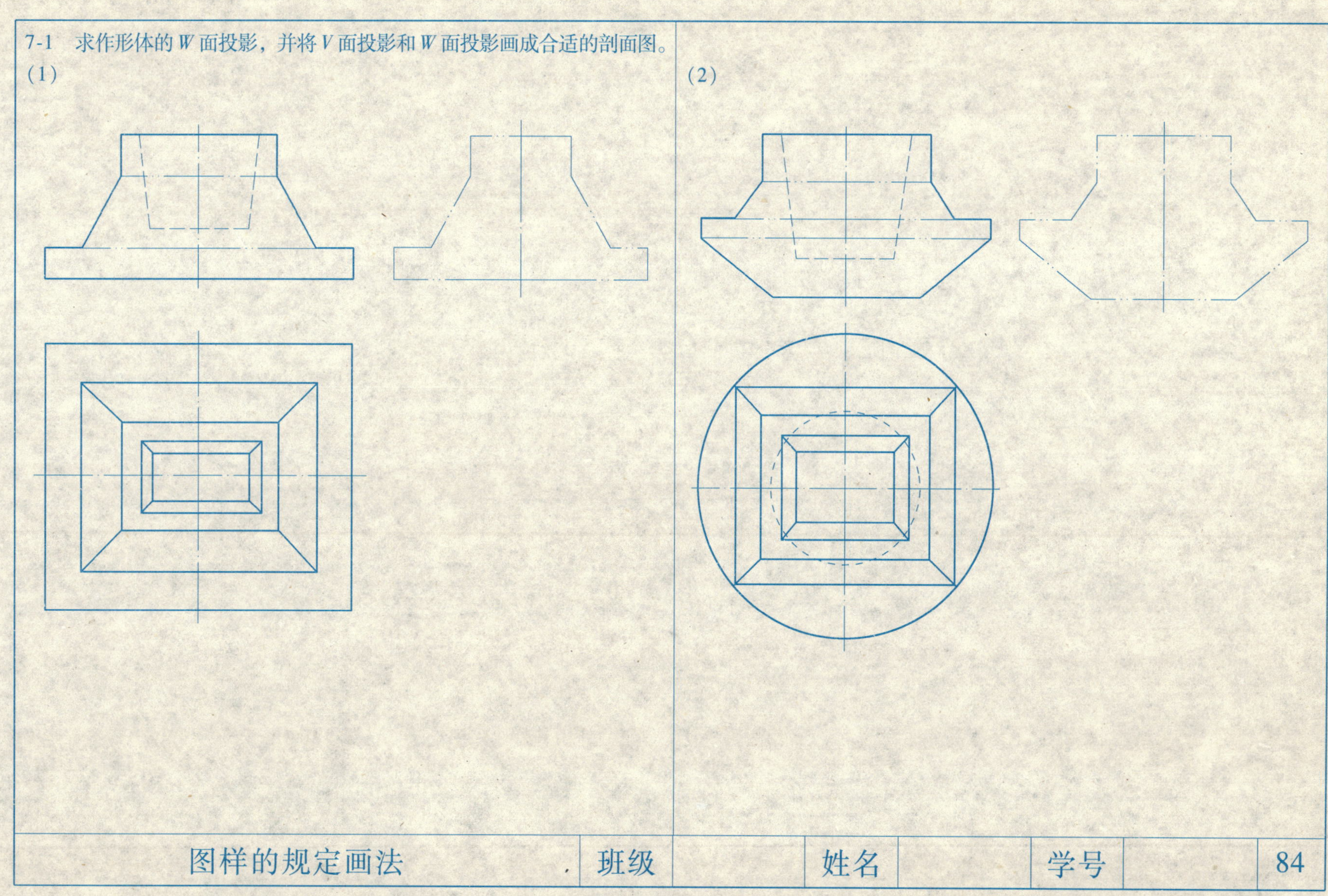

7-2　在指定位置画出剖面图。

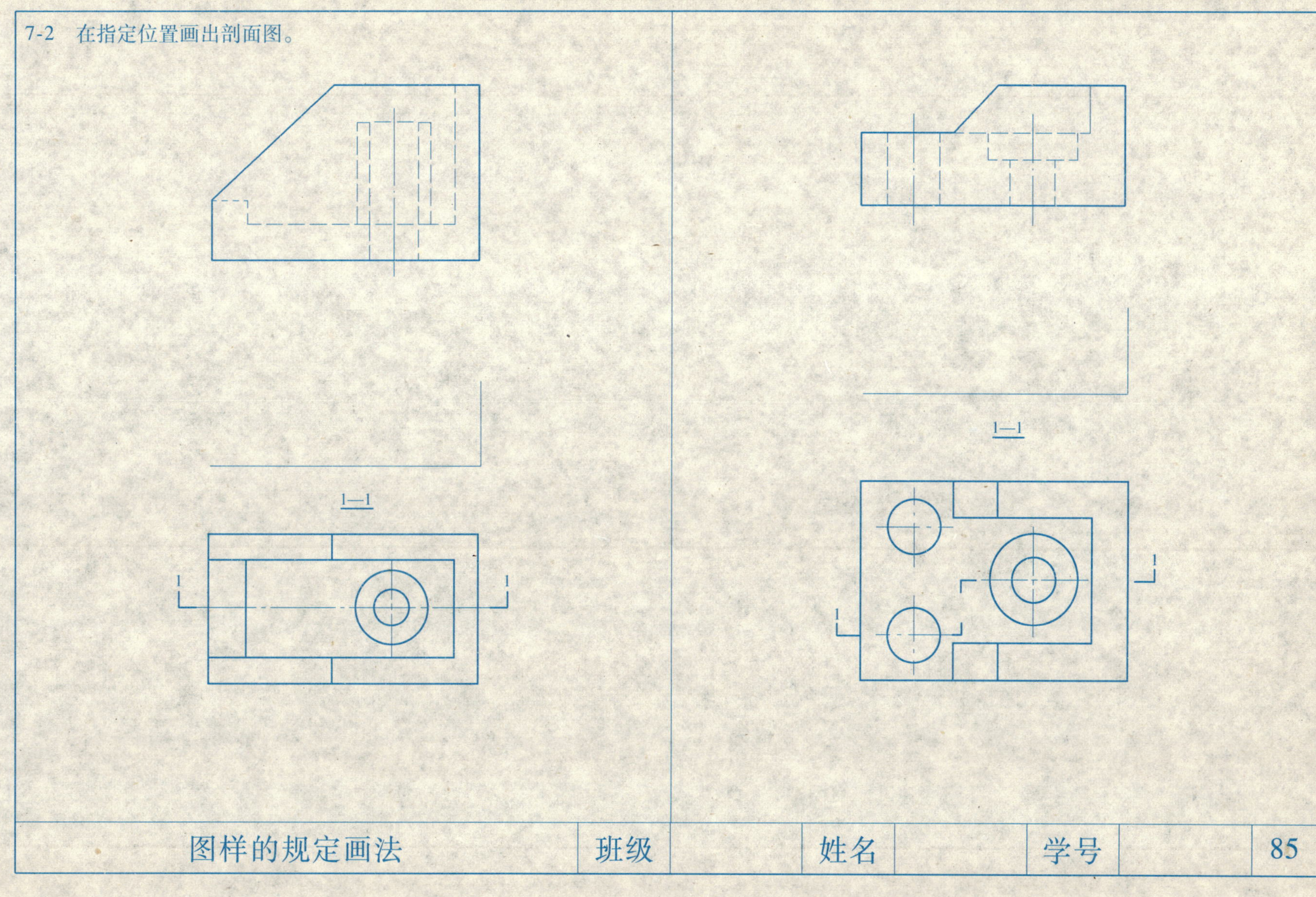

7-3　将 W 面投影改造为半剖面图。

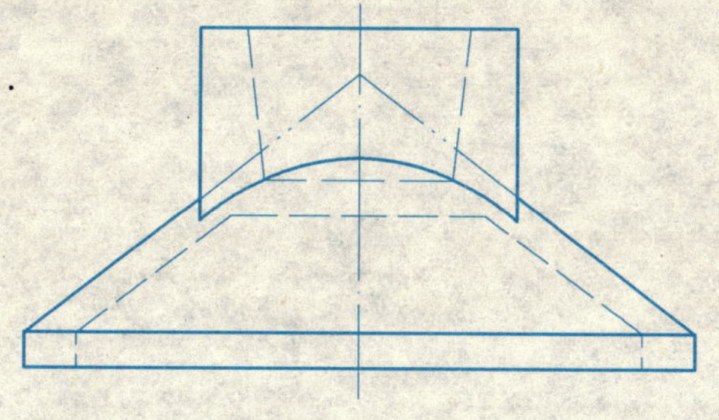

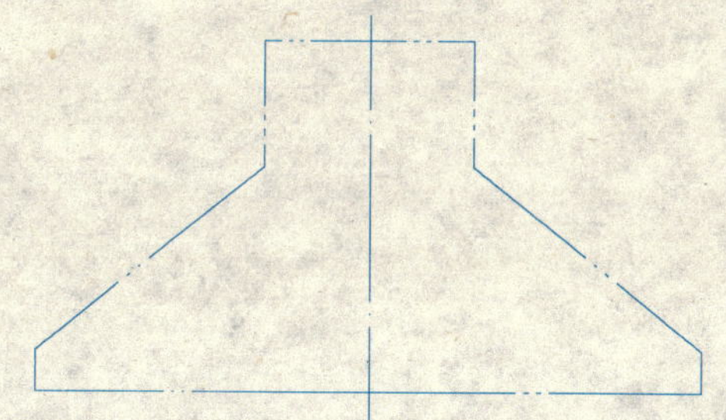

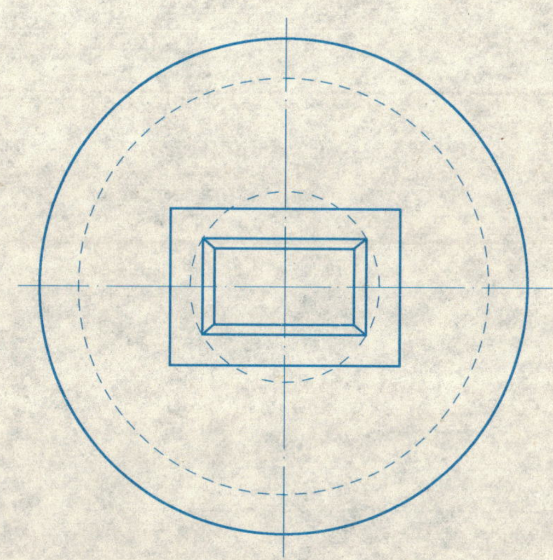

7-4　求作形体的旋转剖面图。

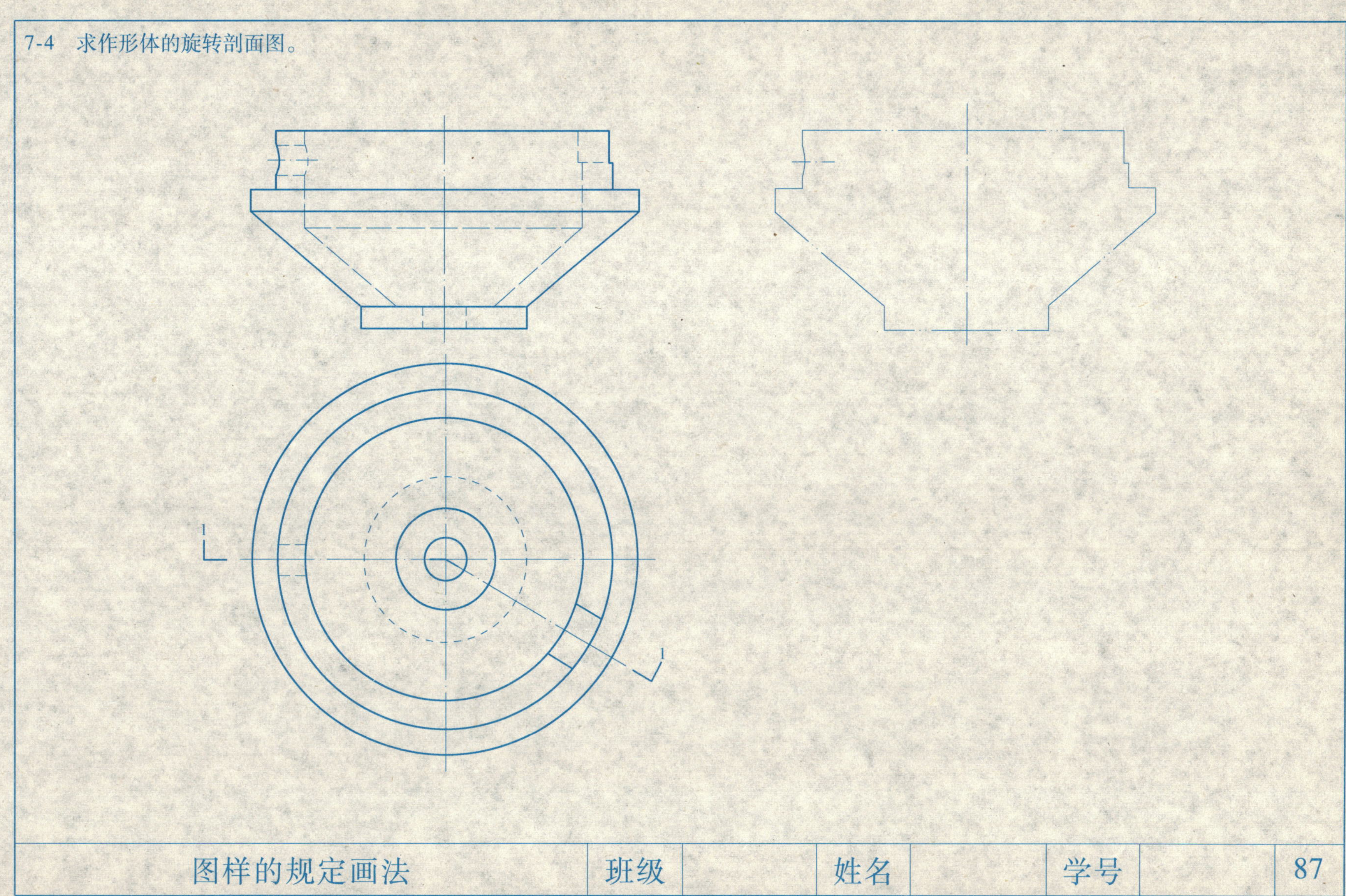

7-5　画出各断面图。

1
2
1
2
275
275
660
415
4850
415
660
6000
100
235
245
245
825
190
230
190
610
3
3
4
4
100
90
620
90
100
1000
100
90
670
90
100
90
670
90
100
2000
200
100
300

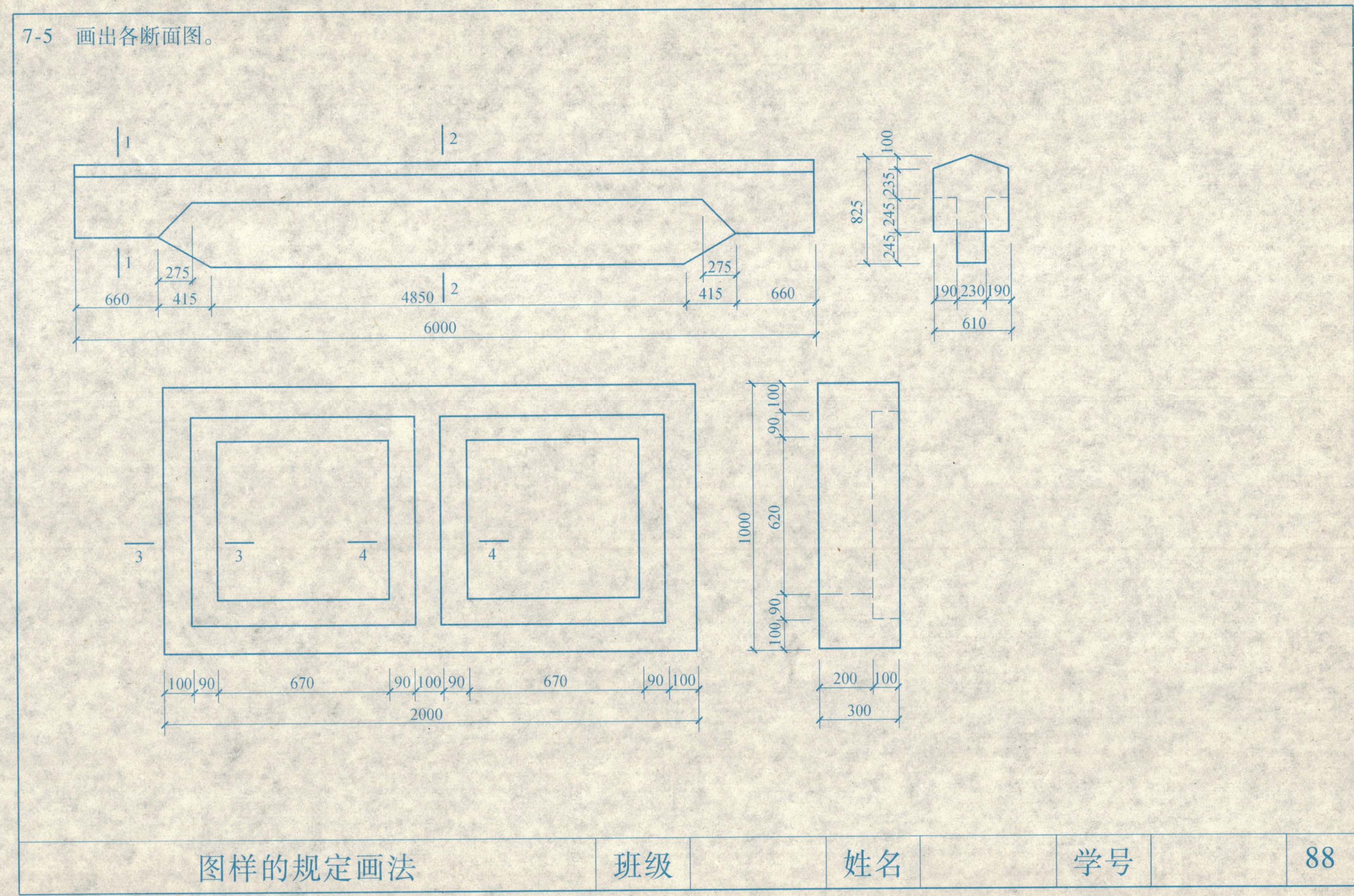

7-6　在指定位置画出各断面图。

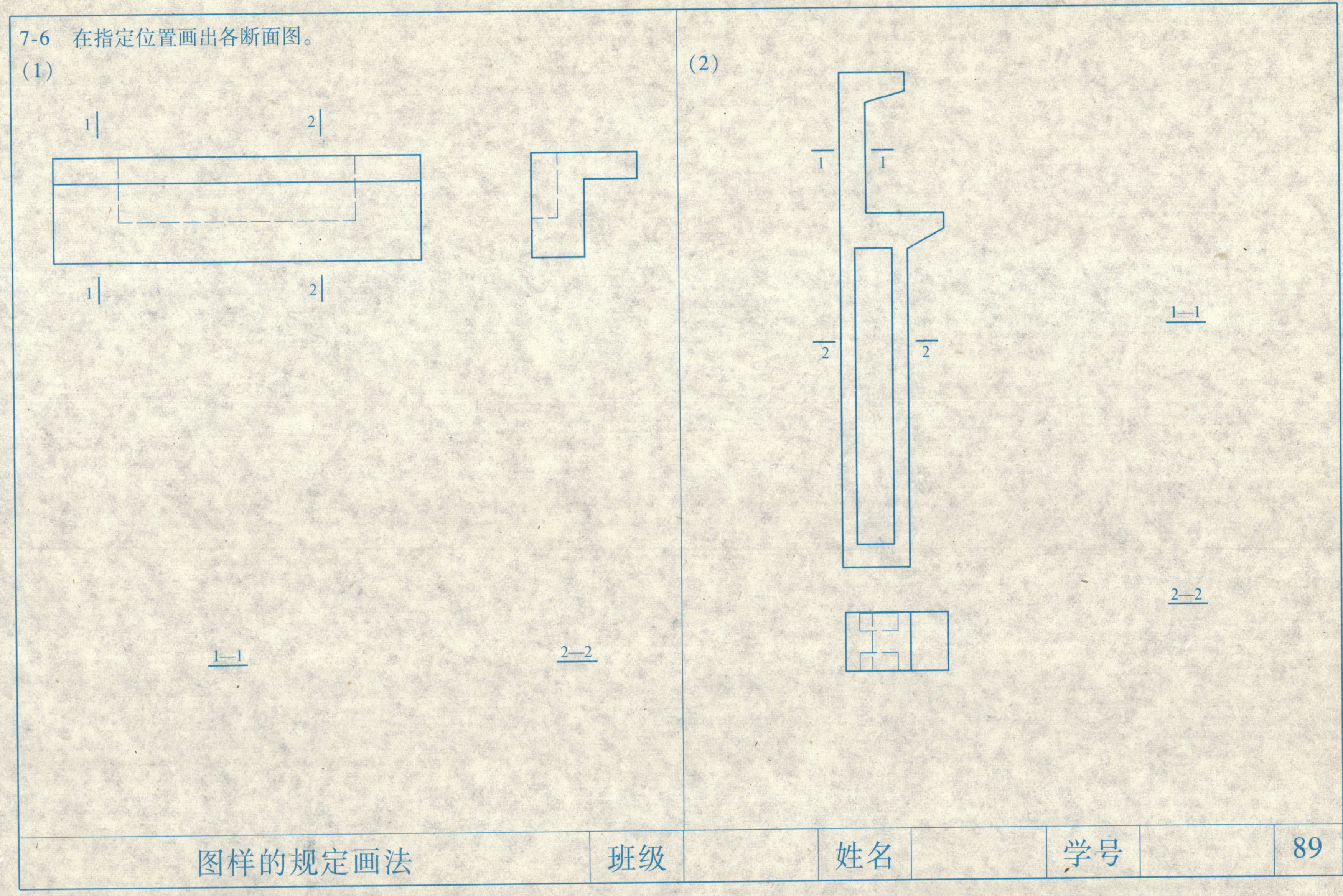

7-7　选取适当比例抄绘剖面图，画出 1—1 剖面图。

（雨篷宽度 1200）

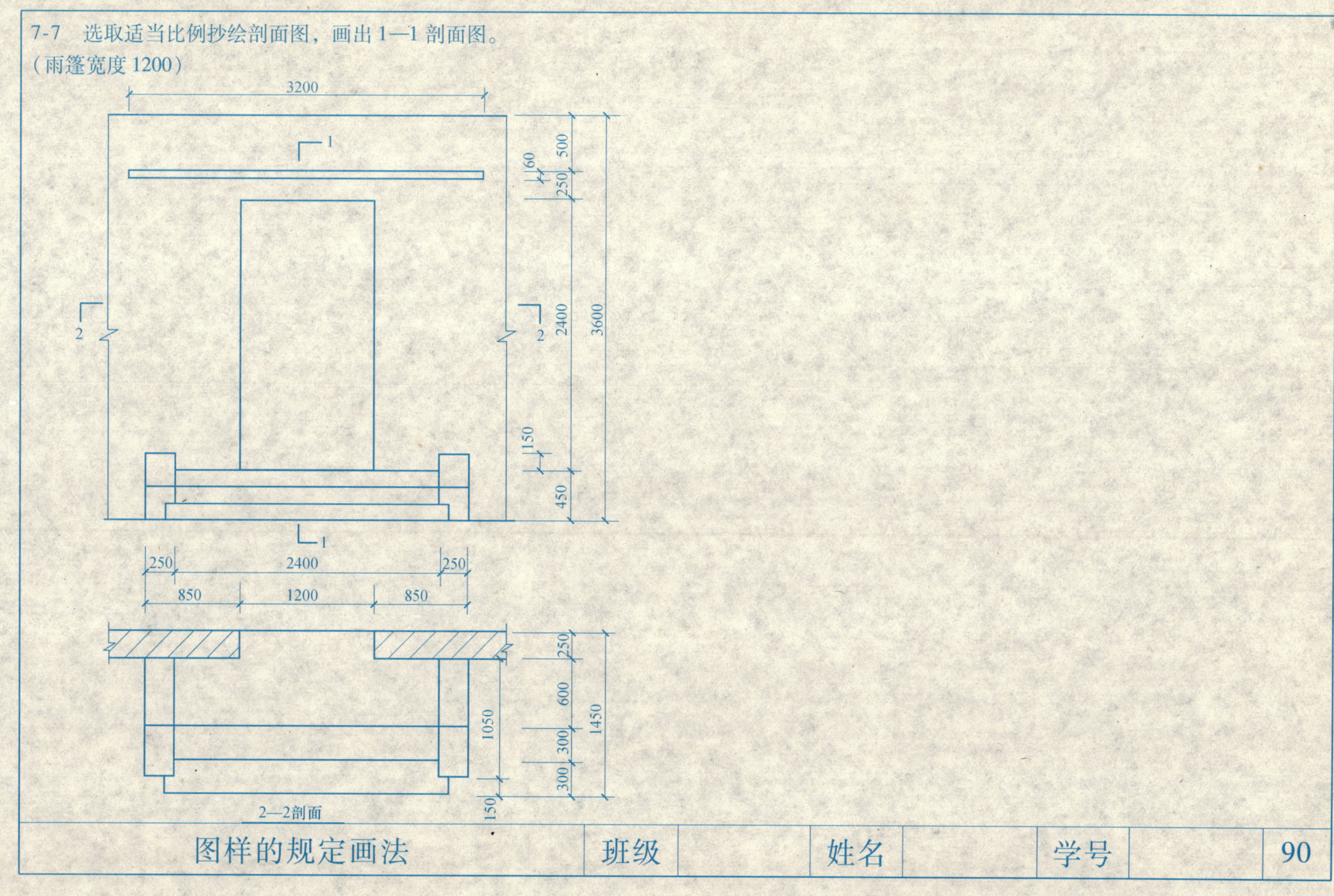

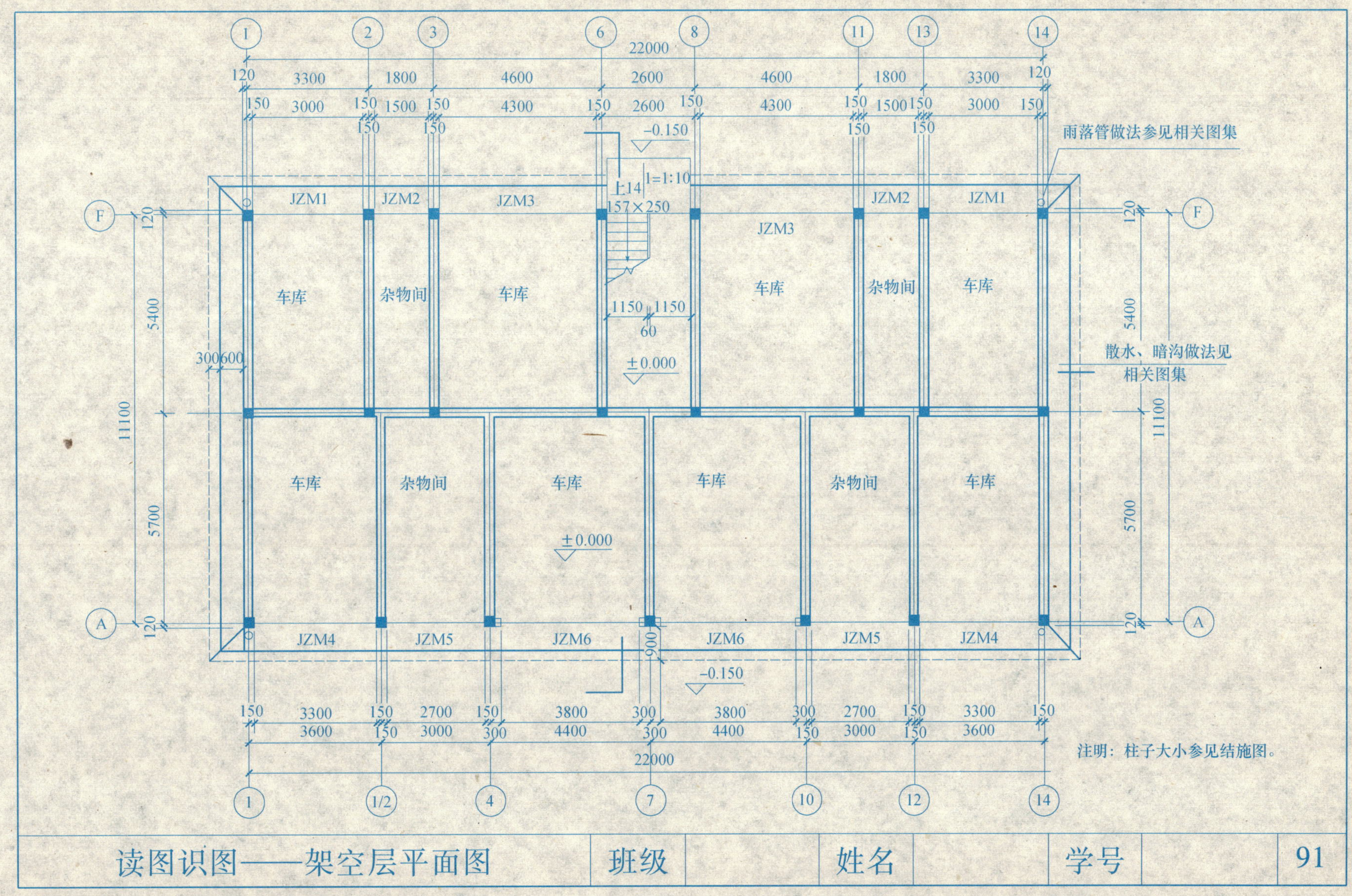

读图识图——架空层平面图 班级 姓名 学号

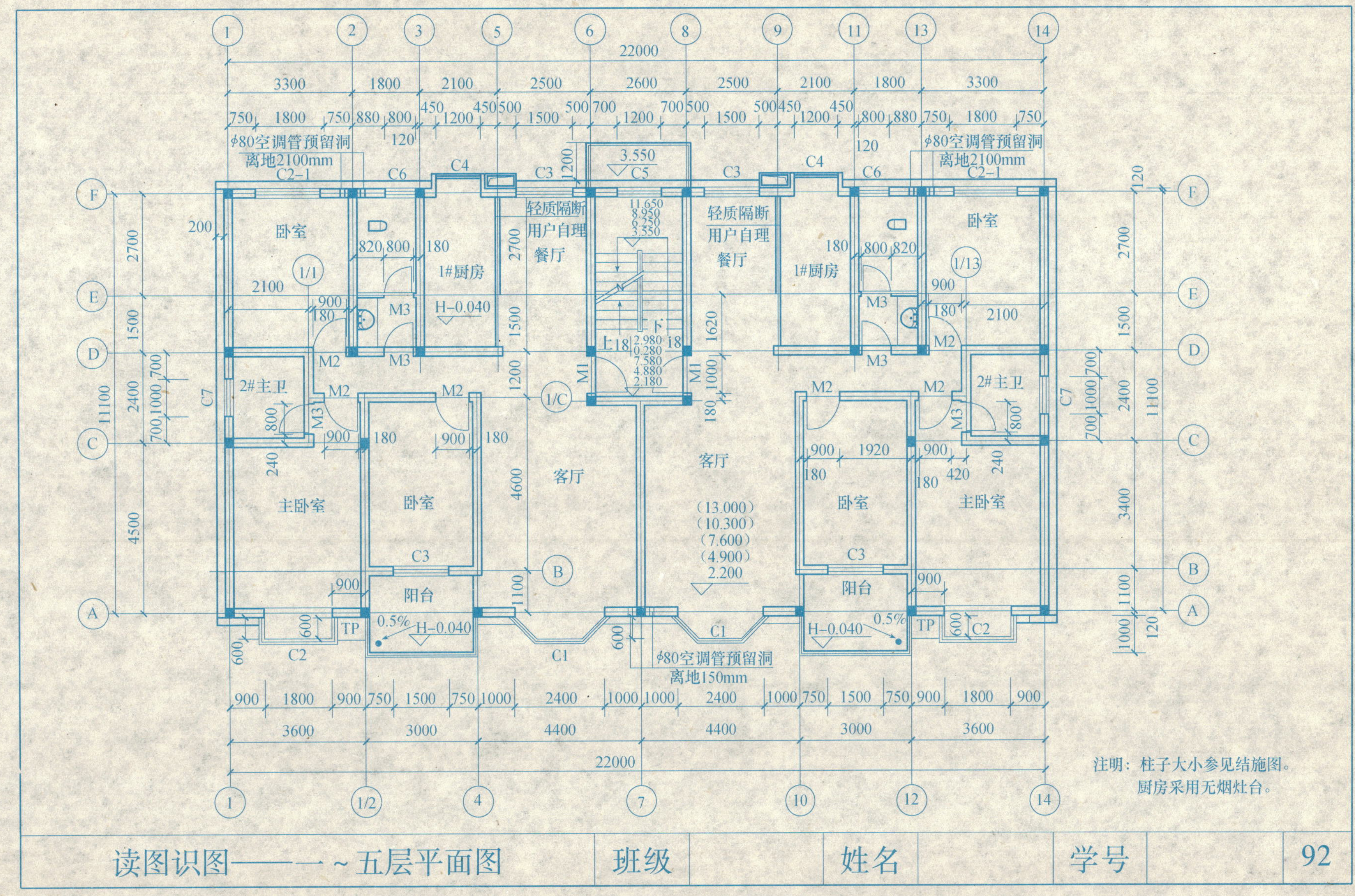

读图识图——一~五层平面图 | 班级 | 姓名 | 学号

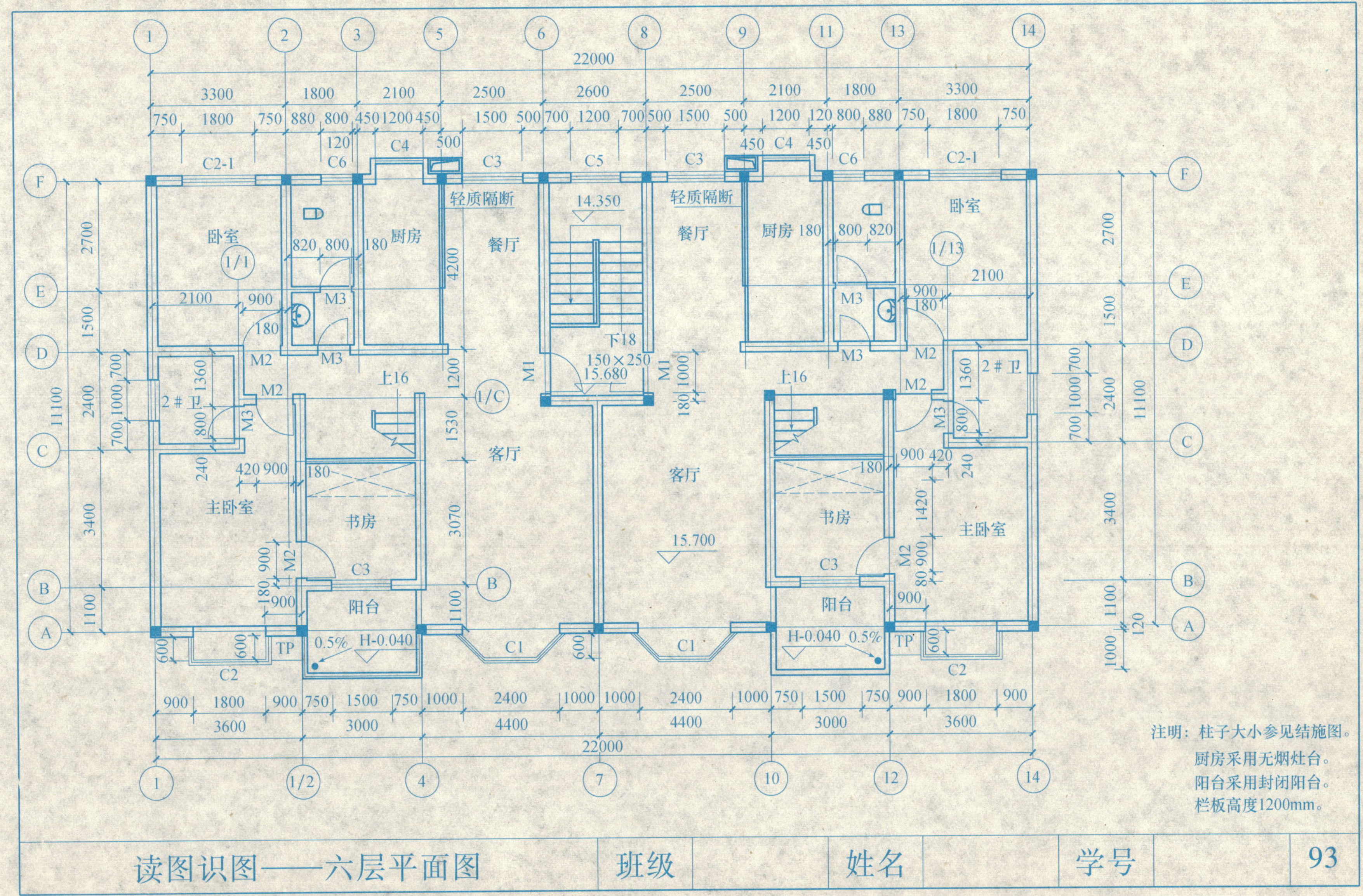

读图识图——六层平面图　班级　姓名　学号

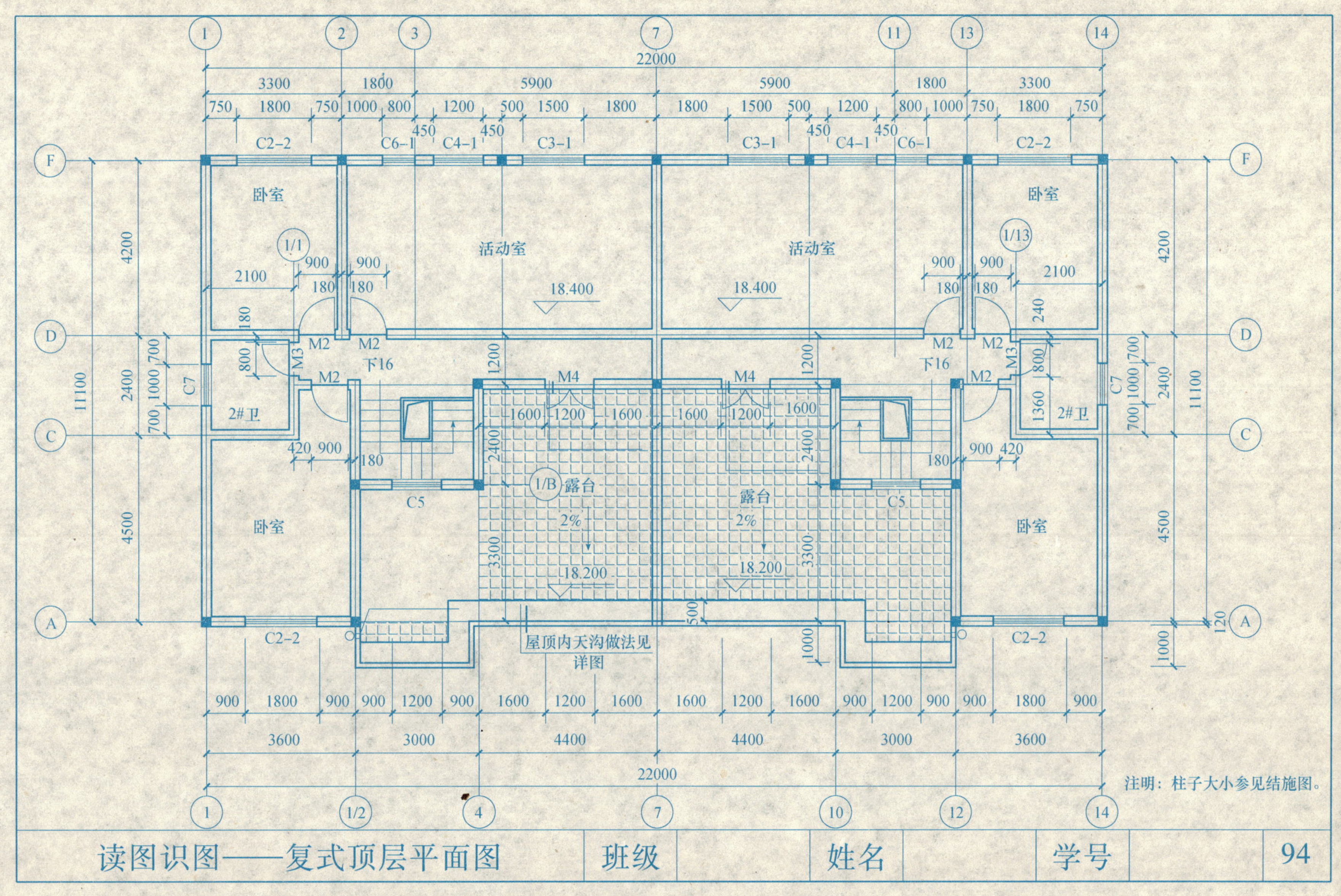

卧室
活动室
18.400
卧室
活动室
18.400
M2
M3
下16
M4
2#卫
C7
露台
2%
18.200
C5
屋顶内天沟做法见详图
C2-2
C6-1
C4-1
C3-1
1/1
1/13
1/B
注明：柱子大小参见结施图。
读图识图——复式顶层平面图
班级
姓名
学号

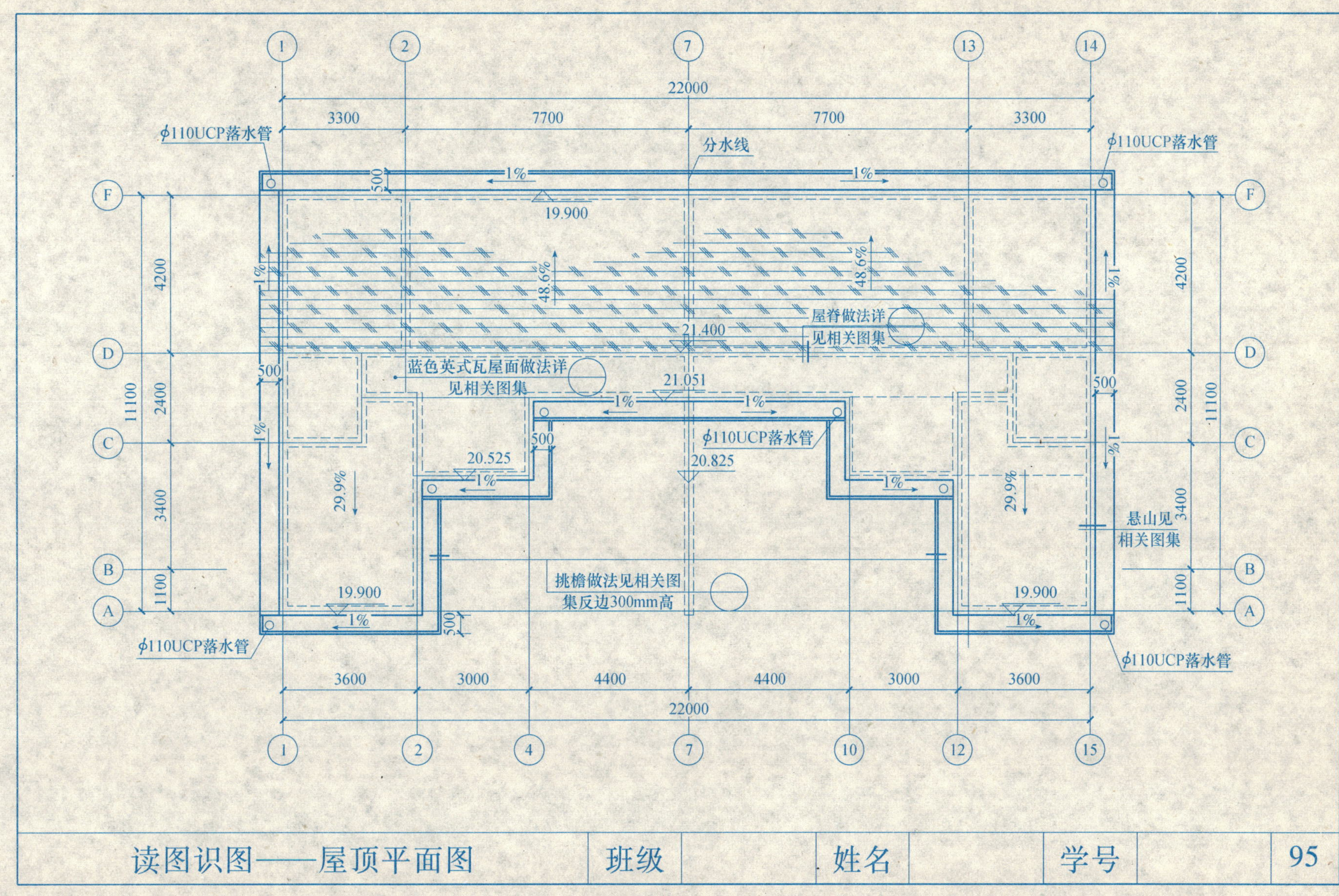

22000
3300
7700
7700
3300
φ110UCP落水管
分水线
φ110UCP落水管
1%
1%
500
19.900
4200
48.6%
48.6%
1%
屋脊做法详
见相关图集
21.400
蓝色英式瓦屋面做法详
见相关图集
500
21.051
500
2400
11100
1%
1%
φ110UCP落水管
500
20.525
20.825
29.9%
29.9%
3400
悬山见
相关图集
挑檐做法见相关图
集反边300mm高
1100
19.900
19.900
1%
1%
φ110UCP落水管
φ110UCP落水管
3600
3000
4400
4400
3000
3600
22000
1
2
4
7
10
12
15
1
2
7
13
14
A
B
C
D
F
读图识图——屋顶平面图
班级
姓名
学号
95

读图识图——①～⑮立面图　班级　姓名　学号

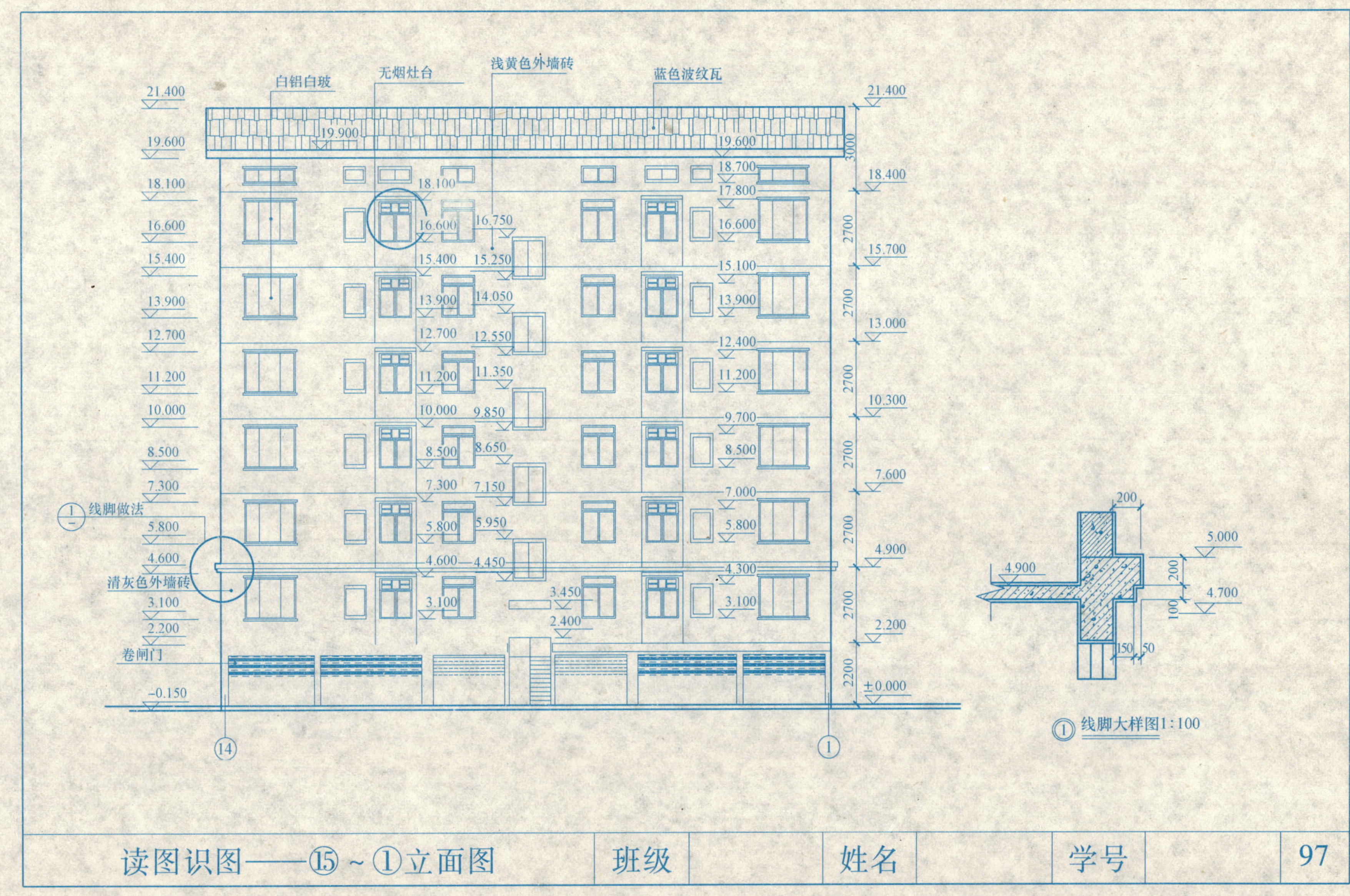

读图识图——⑮～①立面图 | 班级 | 姓名 | 学号

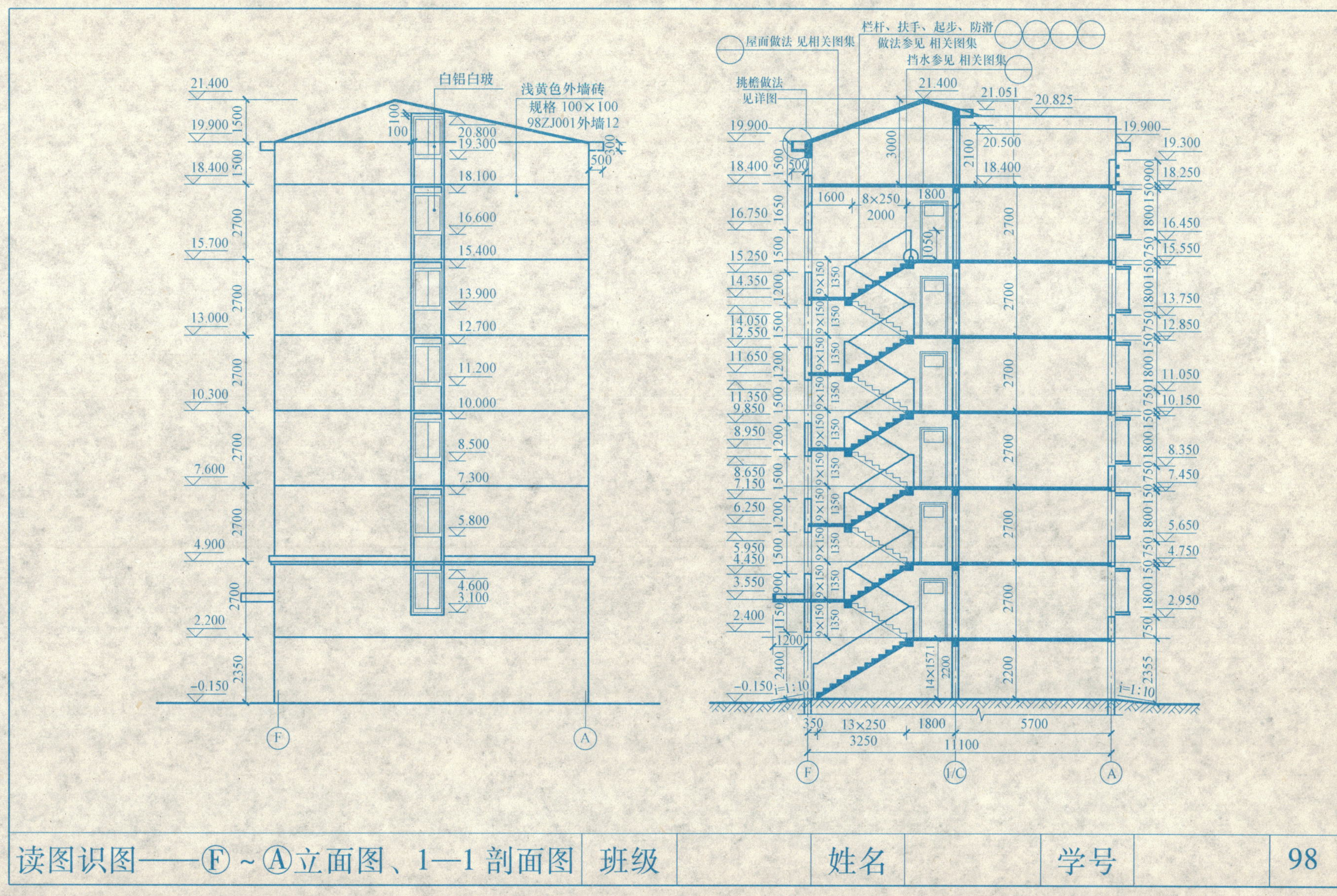
白铝白玻
浅黄色外墙砖
规格 100×100
98ZJ001外墙12
屋面做法 见相关图集
栏杆、扶手、起步、防滑
做法参见 相关图集
挡水参见 相关图集
挑檐做法
见详图
读图识图——Ⓕ~Ⓐ立面图、1—1 剖面图
班级
姓名
学号
98

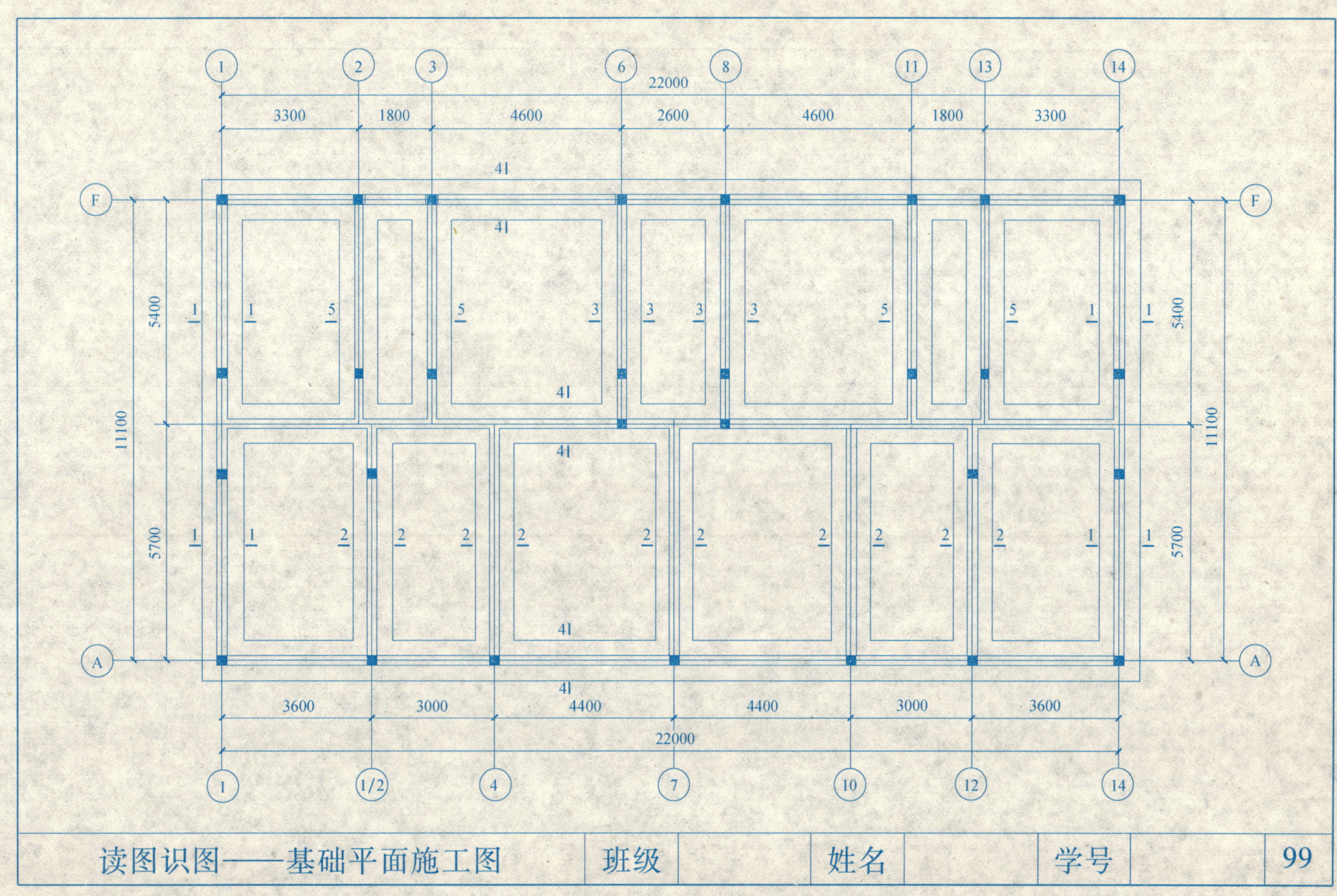
1
2
3
6
8
11
13
14
22000
3300
1800
4600
2600
4600
1800
3300
F
A
5400
5700
11100
4l
1
5
3
2
3600
3000
4400
4400
3000
3600
22000
1
1/2
4
7
10
12
14
读图识图——基础平面施工图
班级
姓名
学号
99

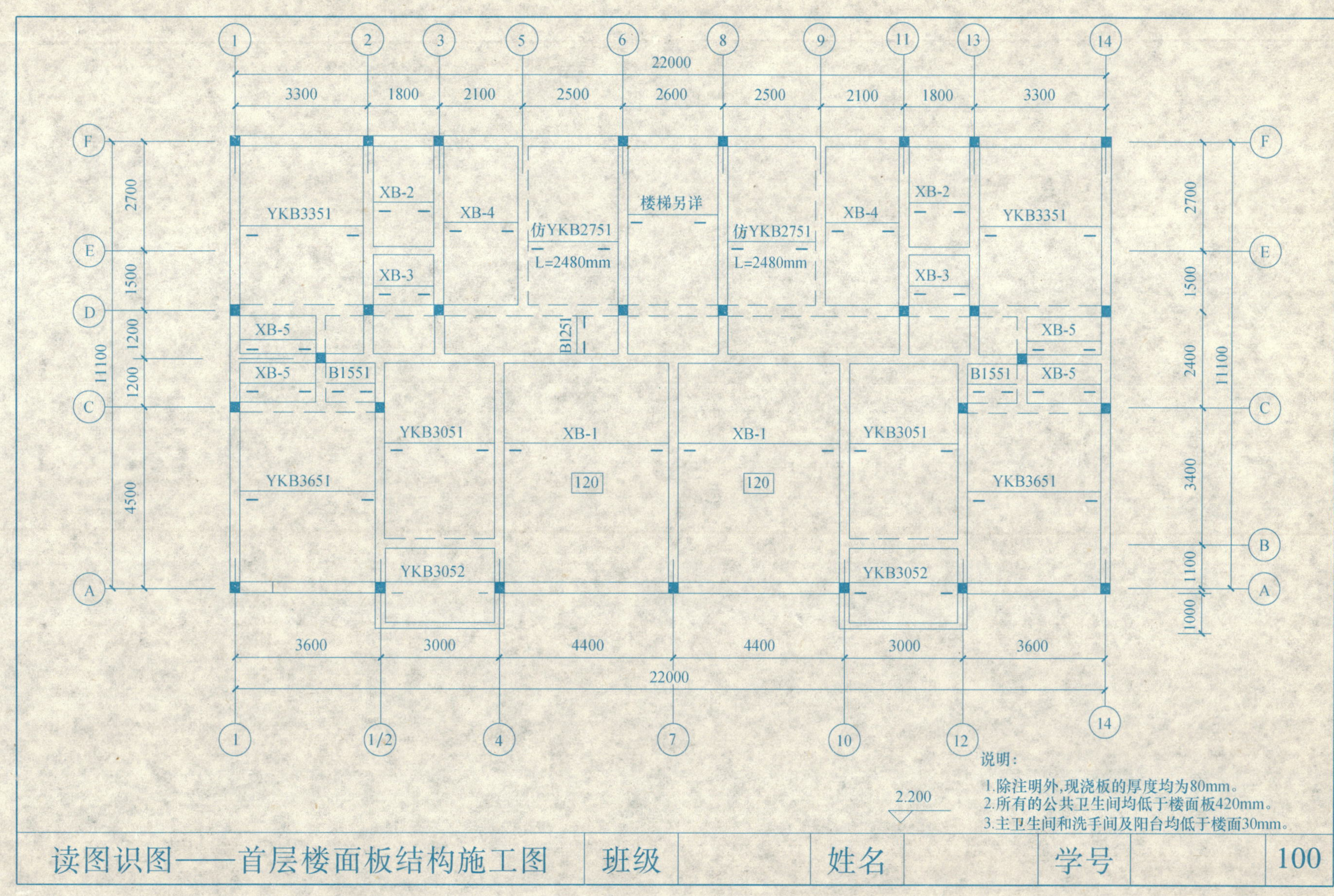

22000
3300 1800 2100 2500 2600 2500 2100 1800 3300
1 2 3 5 6 8 9 11 13 14
F E D C B A
2700 1500 1200 1200 4500 11100
2700 1500 2400 3400 1100 1000 11100
YKB3351
XB-2
XB-3
XB-4
仿YKB2751
L=2480mm
楼梯另详
XB-5
B1551
B1251
YKB3051
XB-1
120
YKB3651
YKB3052
3600 3000 4400 4400 3000 3600
22000
1 1/2 4 7 10 12 14
2.200
说明：
1.除注明外，现浇板的厚度均为80mm。
2.所有的公共卫生间均低于楼面板420mm。
3.主卫生间和洗手间及阳台均低于楼面30mm。
读图识图——首层楼面板结构施工图
班级
姓名
学号
100

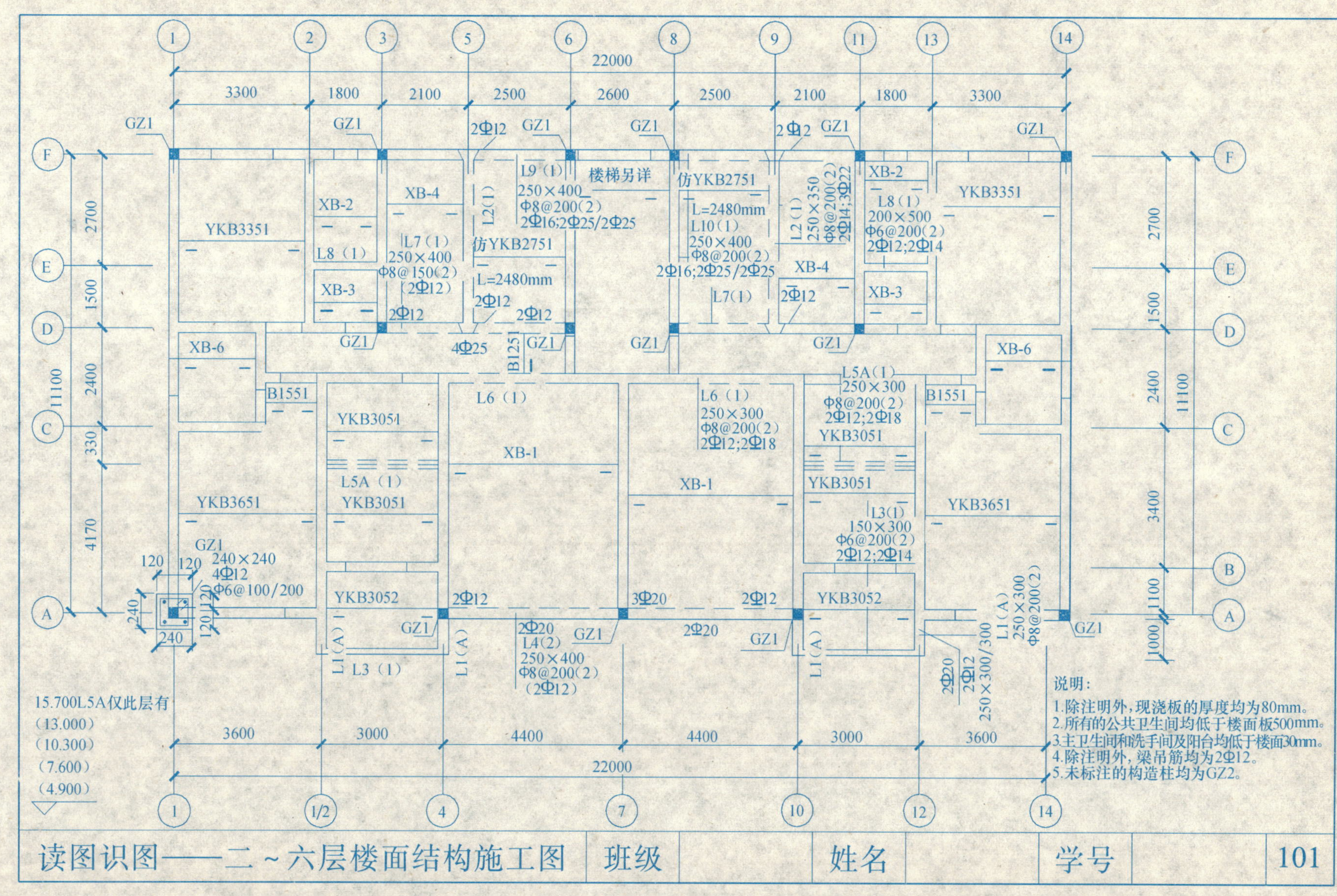

22000
3300
1800
2100
2500
2600
2500
2100
1800
3300
GZ1
2Φ12
楼梯另详
L9（1）
250×400
Φ8@200（2）
2Φ16;2Φ25/2Φ25
仿YKB2751
L=2480mm
L10（1）
250×400
Φ8@200（2）
2Φ16;2Φ25/2Φ25
L2（1）
250×350
Φ8@200（2）
2Φ14;3Φ22
XB-2
L8（1）
200×500
Φ6@200（2）
2Φ12;2Φ14
YKB3351
XB-4
L7（1）
250×400
Φ8@150（2）
（2Φ12）
L8（1）
XB-3
仿YKB2751
L=2480mm
L7(1)
4Φ25
B1251
XB-6
B1551
YKB3054
L6（1）
XB-1
L6（1）
250×300
Φ8@200（2）
2Φ12;2Φ18
L5A（1）
250×300
Φ8@200（2）
2Φ12;2Φ18
YKB3051
L5A（1）
YKB3651
L3(1)
150×300
Φ6@200（2）
2Φ12;2Φ14
240×240
4Φ12
Φ6@100/200
120
240
YKB3052
3Φ20
2Φ20
L4(2)
250×400
Φ8@200（2）
（2Φ12）
L1（A）
L3（1）
250×300
Φ8@200（2）
250×300/300
2700
1500
2400
330
4170
11100
3400
1100
1000
15.700L5A仅此层有
（13.000）
（10.300）
（7.600）
（4.900）
3600
3000
4400
4400
3000
3600
说明：
1.除注明外，现浇板的厚度均为80mm。
2.所有的公共卫生间均低于楼面板500mm。
3.主卫生间和洗手间及阳台均低于楼面30mm。
4.除注明外，梁吊筋均为2Φ12。
5.未标注的构造柱均为GZ2。
读图识图——二～六层楼面结构施工图
班级
姓名
学号
101

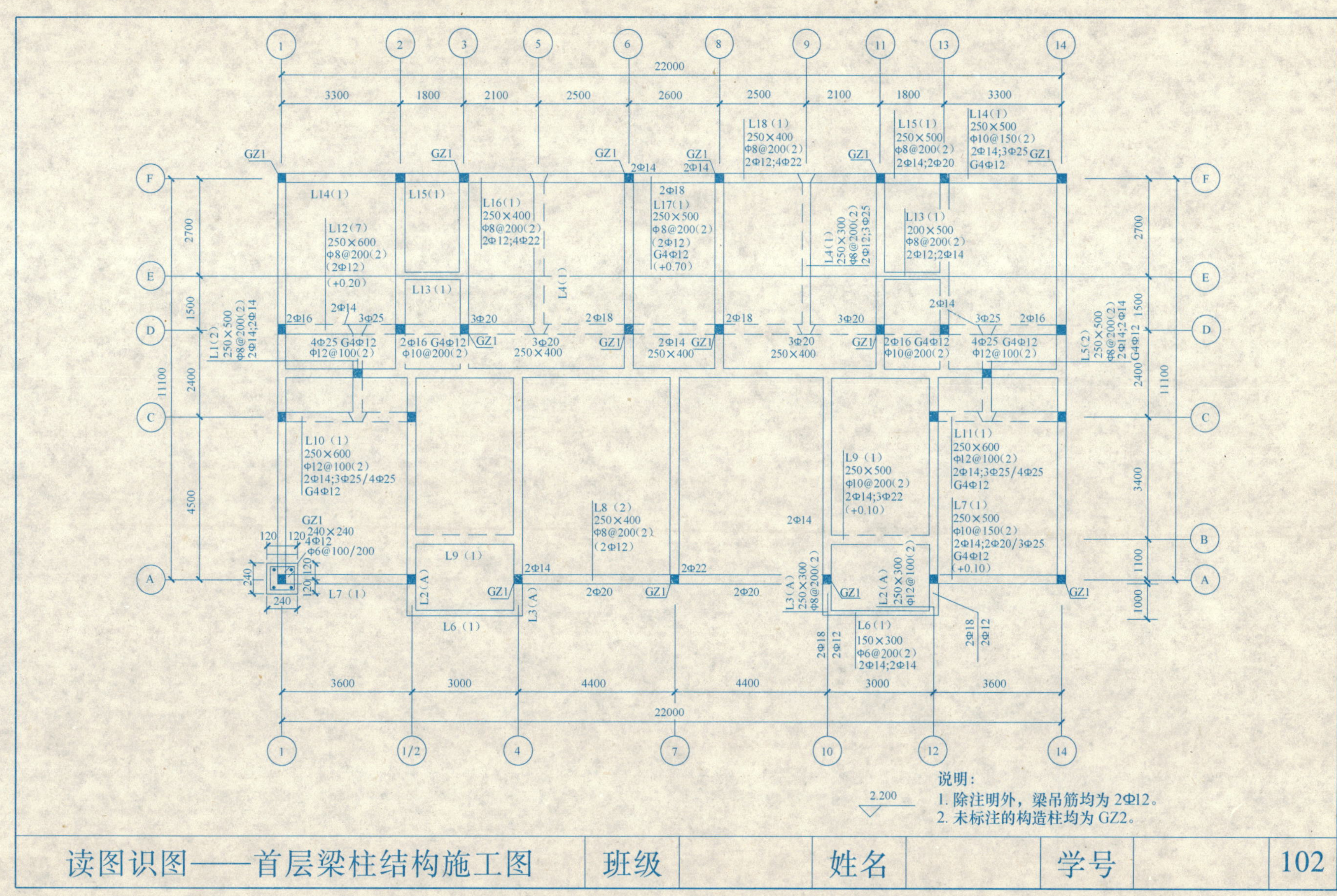

说明：

1. 除注明外，梁吊筋均为 2Φ12。
2. 未标注的构造柱均为 GZ2。

读图识图——首层梁柱结构施工图　班级　姓名　学号

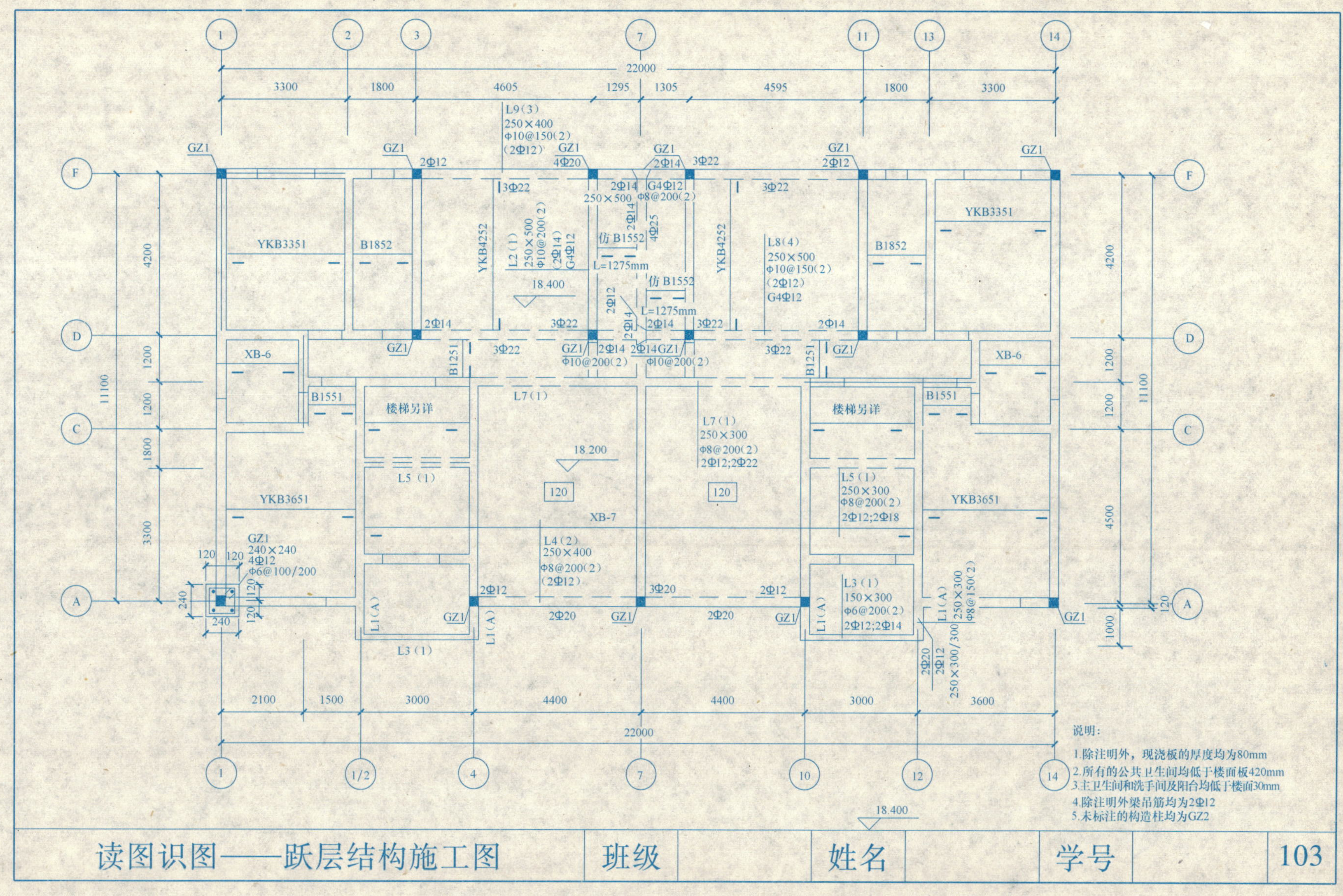

22000
3300
1800
4605
1295
1305
4595
1800
3300
L9（3）
250×400
Φ10@150（2）
（2Φ12）
GZ1
2Φ12
4Φ20
2Φ14
3Φ22
3Φ22
2Φ14
G4Φ12
250×500
Φ8@200（2）
YKB3351
B1852
YKB4252
L2（1）
250×500
Φ10@200（2）
（2Φ14）
G4Φ12
仿B1552
L=1275mm
4Φ25
L8（4）
250×500
Φ10@150（2）
（2Φ12）
G4Φ12
18.400
4200
1200
1800
3300
11100
4500
1000
XB-6
B1551
B1251
楼梯另详
L7（1）
250×300
Φ8@200（2）
2Φ12;2Φ22
Φ10@200（2）
18.200
120
L5（1）
250×300
Φ8@200（2）
2Φ12;2Φ18
YKB3651
XB-7
L4（2）
250×400
Φ8@200（2）
（2Φ12）
GZ1
240×240
4Φ12
Φ6@100/200
3Φ20
2Φ20
L3（1）
150×300
Φ6@200（2）
2Φ12;2Φ14
L1（A）
250×300
Φ8@150（2）
250×300/300
2100
1500
3000
4400
4400
3000
3600
说明：
1.除注明外，现浇板的厚度均为80mm
2.所有的公共卫生间均低于楼面板420mm
3.主卫生间和洗手间及阳台均低于楼面30mm
4.除注明外梁吊筋均为2Φ12
5.未标注的构造柱均为GZ2
18.400
读图识图——跃层结构施工图
班级
姓名
学号
103

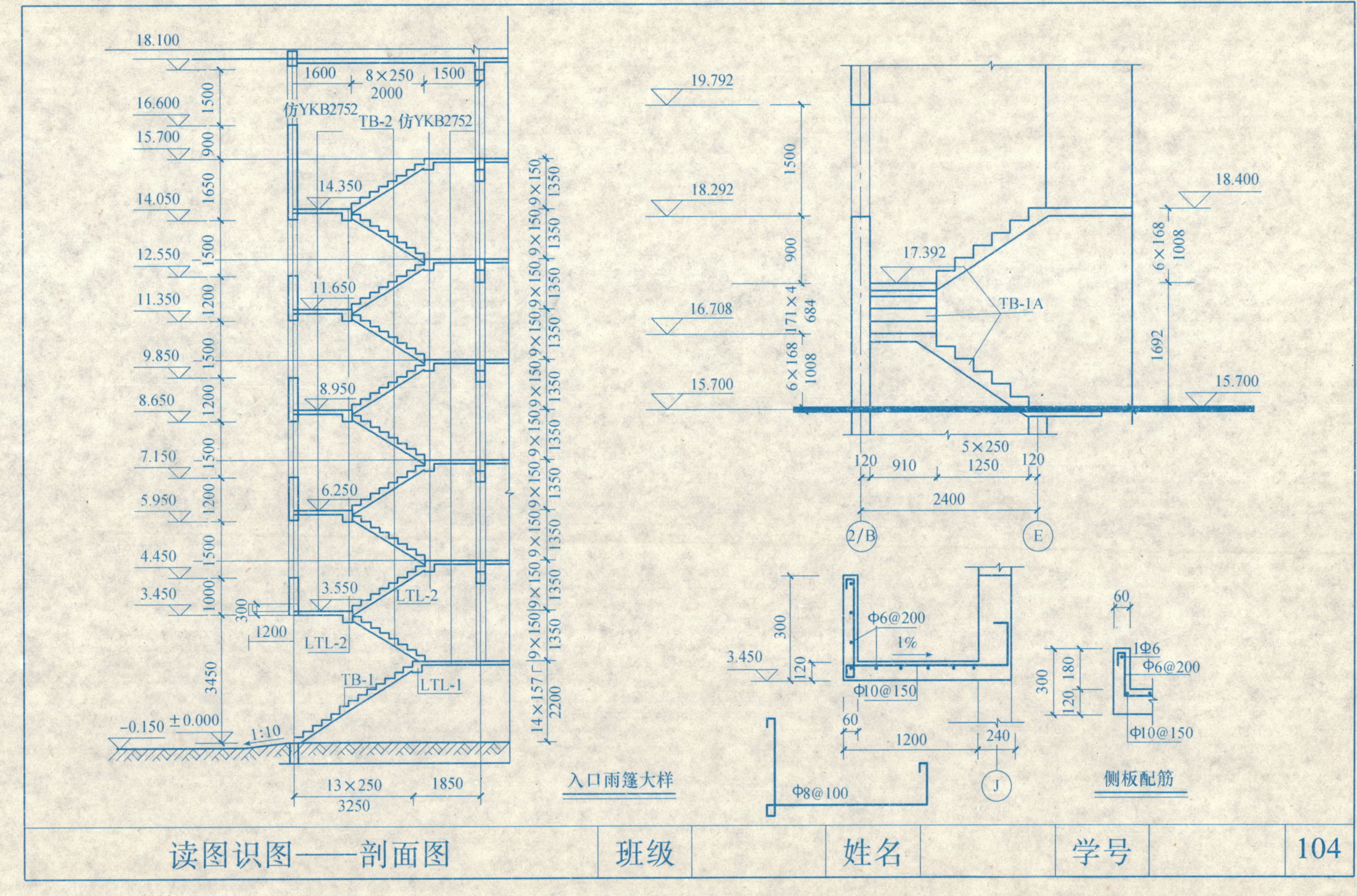
18.100
16.600
15.700
14.050
12.550
11.350
9.850
8.650
7.150
5.950
4.450
3.450
-0.150
±0.000
1:10
1600
8×250
2000
1500
仿YKB2752
TB-2 仿YKB2752
14.350
11.650
8.950
6.250
3.550
LTL-2
LTL-1
TB-1
1200
300
3450
13×250
1850
3250
9×150
1350
14×157
2200
19.792
18.292
16.708
15.700
17.392
TB-1A
18.400
6×168
1008
171×4
684
1692
900
5×250
120
910
1250
2400
2/B
E
Φ6@200
1%
Φ10@150
60
1200
240
J
Φ8@100
入口雨篷大样
1Φ6
180
侧板配筋
读图识图——剖面图
班级
姓名
学号
104

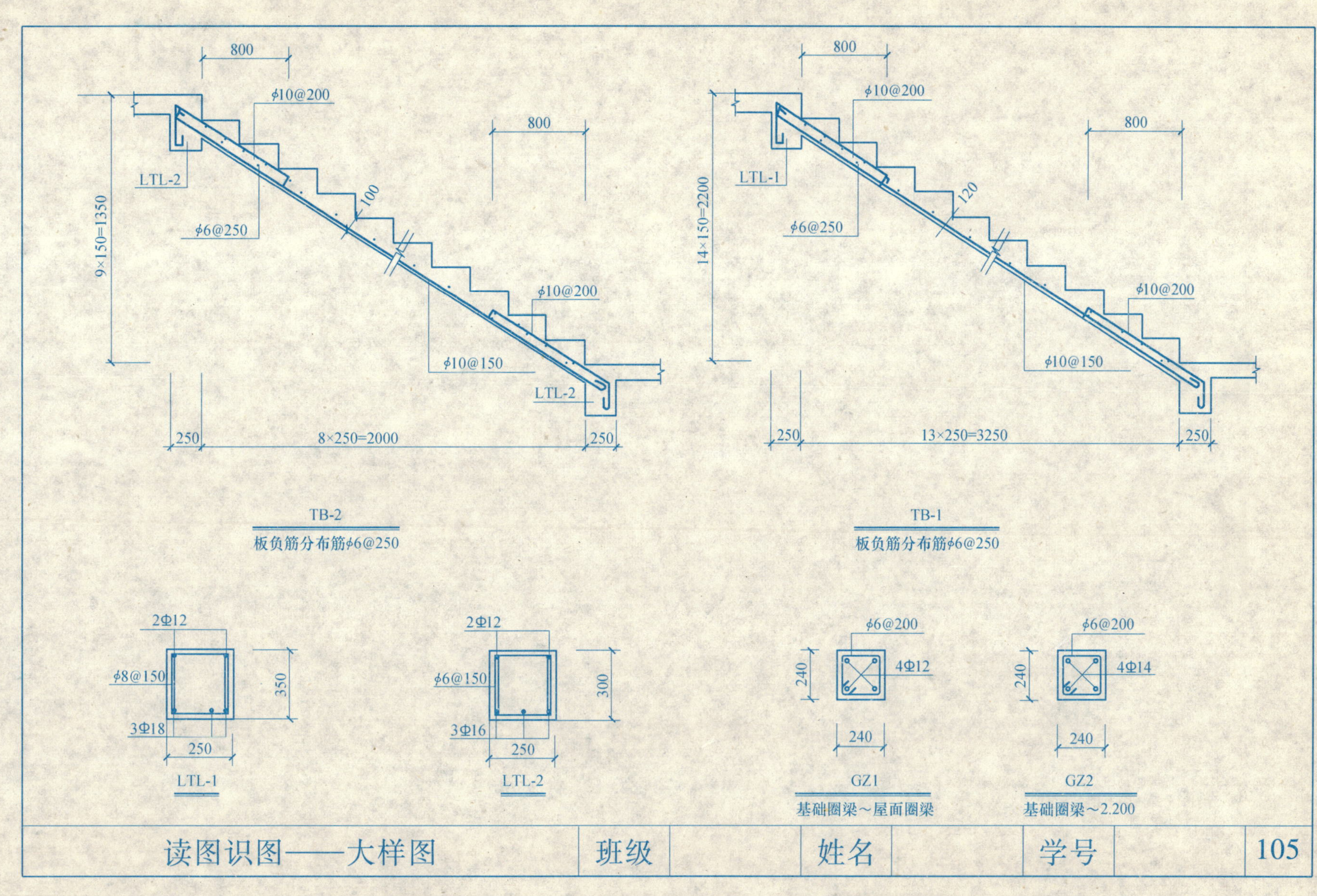
800
ϕ10@200
800
LTL-2
100
9×150=1350
ϕ6@250
ϕ10@200
ϕ10@150
LTL-2
250
8×250=2000
250
TB-2
板负筋分布筋ϕ6@250
800
ϕ10@200
800
LTL-1
120
14×150=2200
ϕ6@250
ϕ10@200
ϕ10@150
250
13×250=3250
250
TB-1
板负筋分布筋ϕ6@250
2Φ12
ϕ8@150
350
3Φ18
250
LTL-1
2Φ12
ϕ6@150
300
3Φ16
250
LTL-2
ϕ6@200
240
4Φ12
240
GZ1
基础圈梁～屋面圈梁
ϕ6@200
240
4Φ14
240
GZ2
基础圈梁～2.200

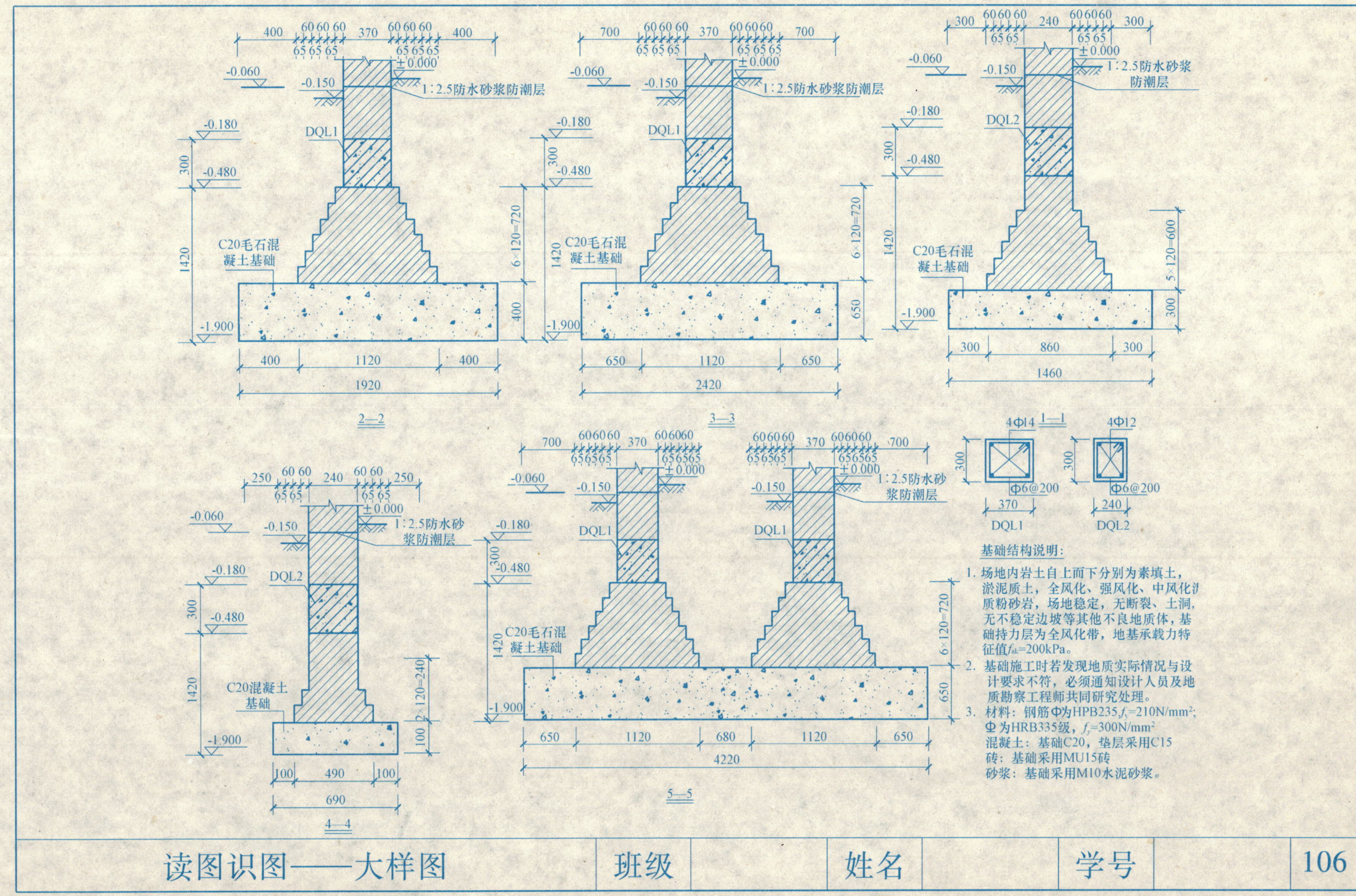

读图识图——大样图 | 班级 | 姓名 | 学号

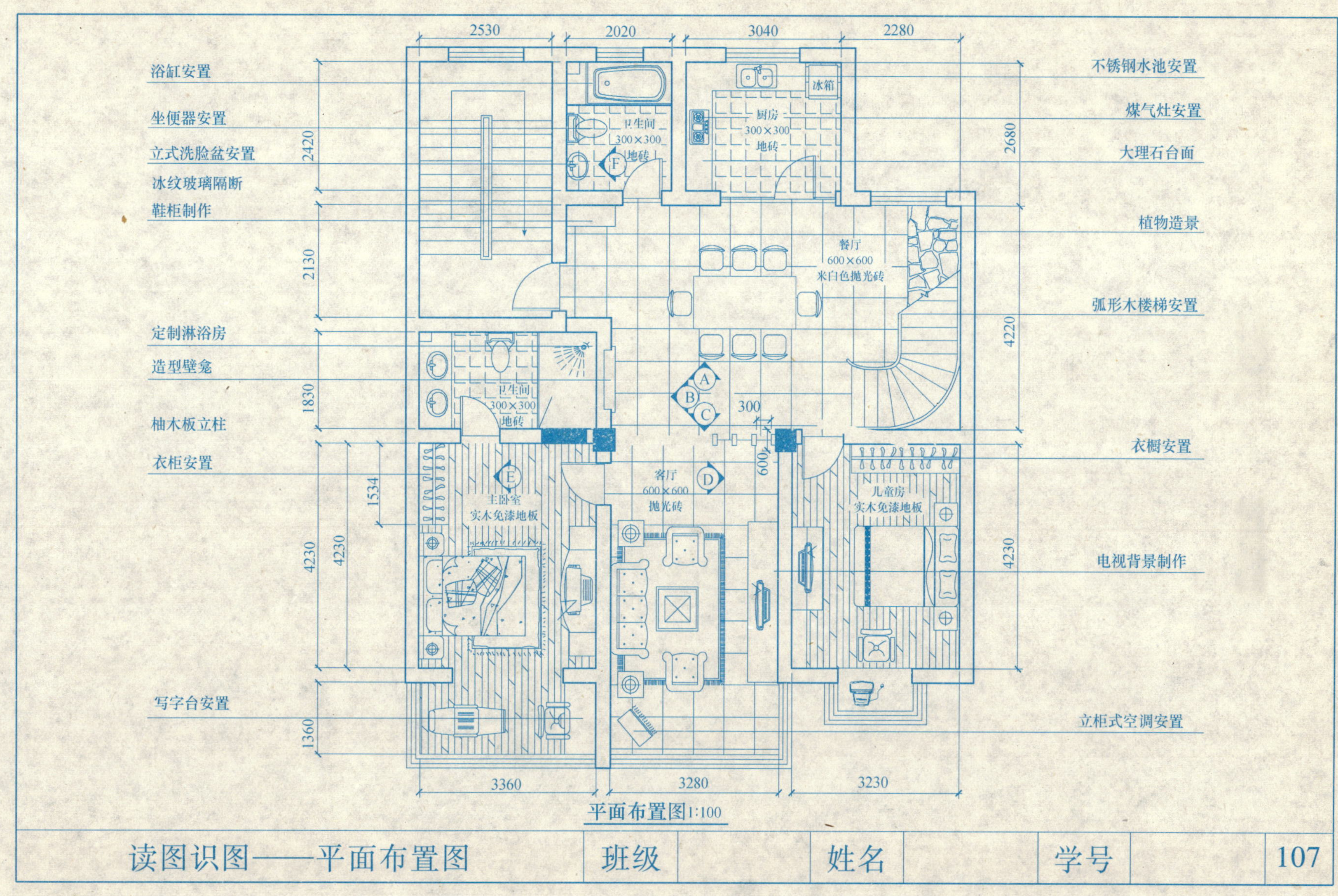

读图识图——平面布置图	班级		姓名		学号		107

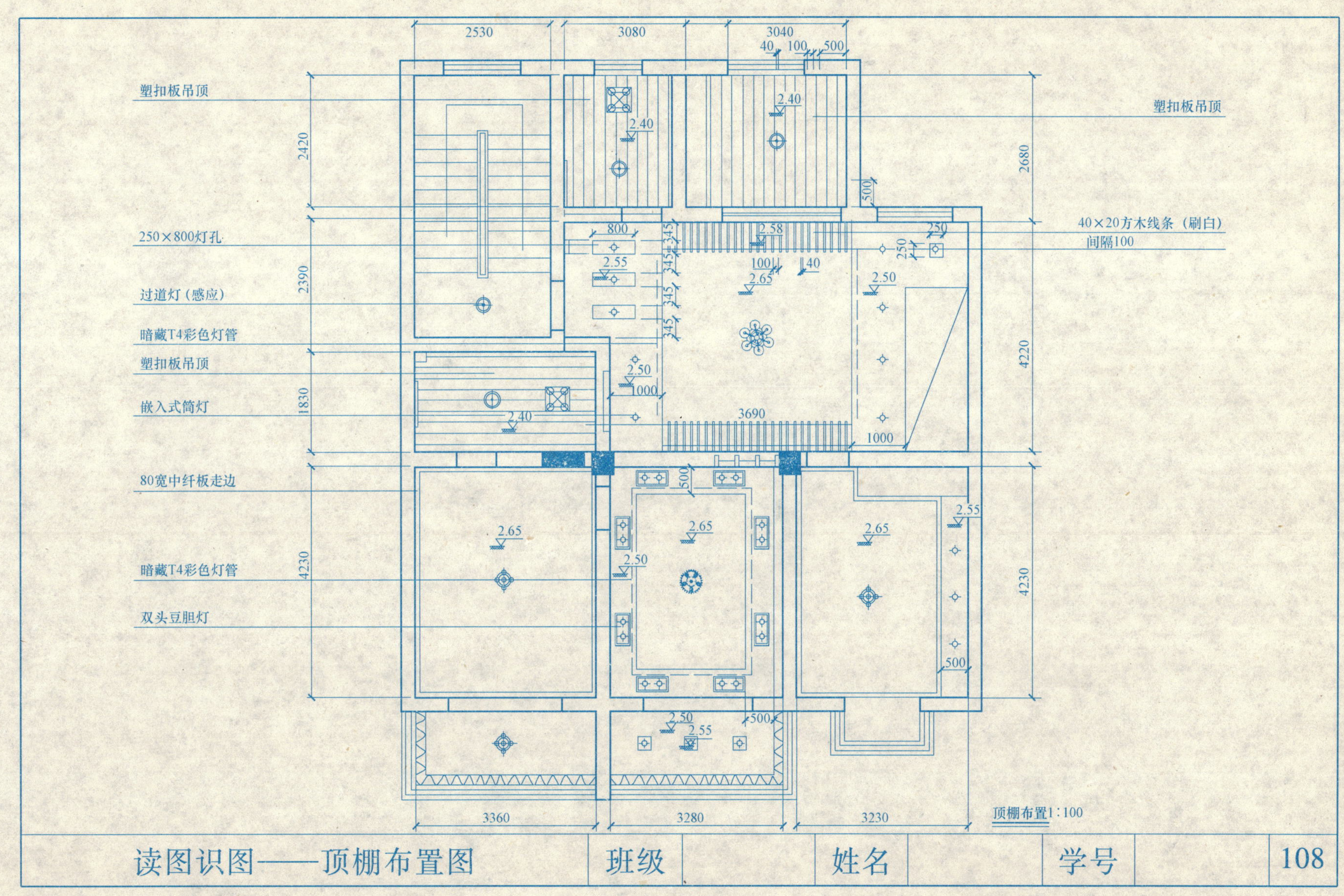

读图识图——顶棚布置图	班级		姓名		学号		108

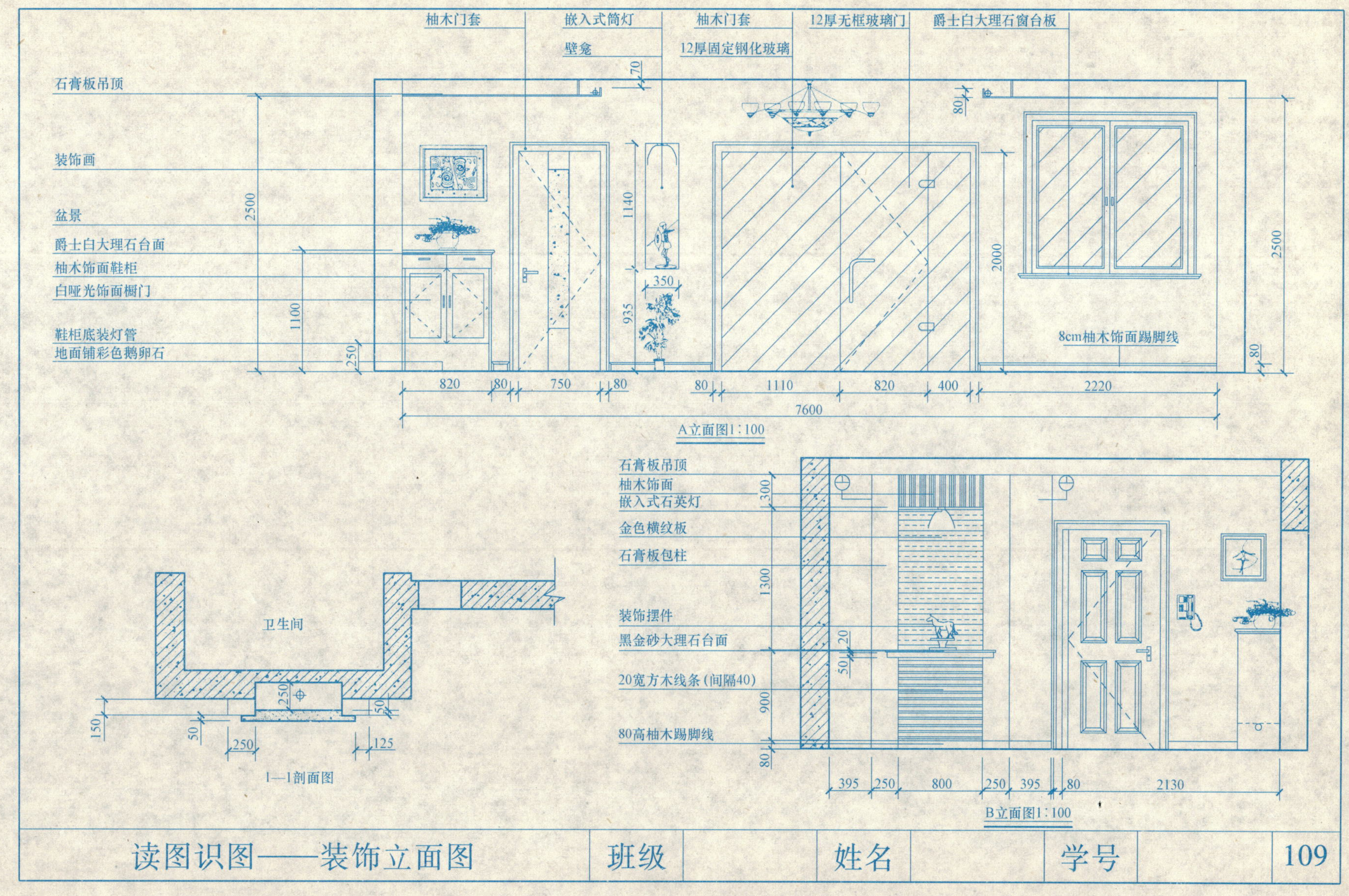

读图识图——装饰立面图　班级　姓名　学号

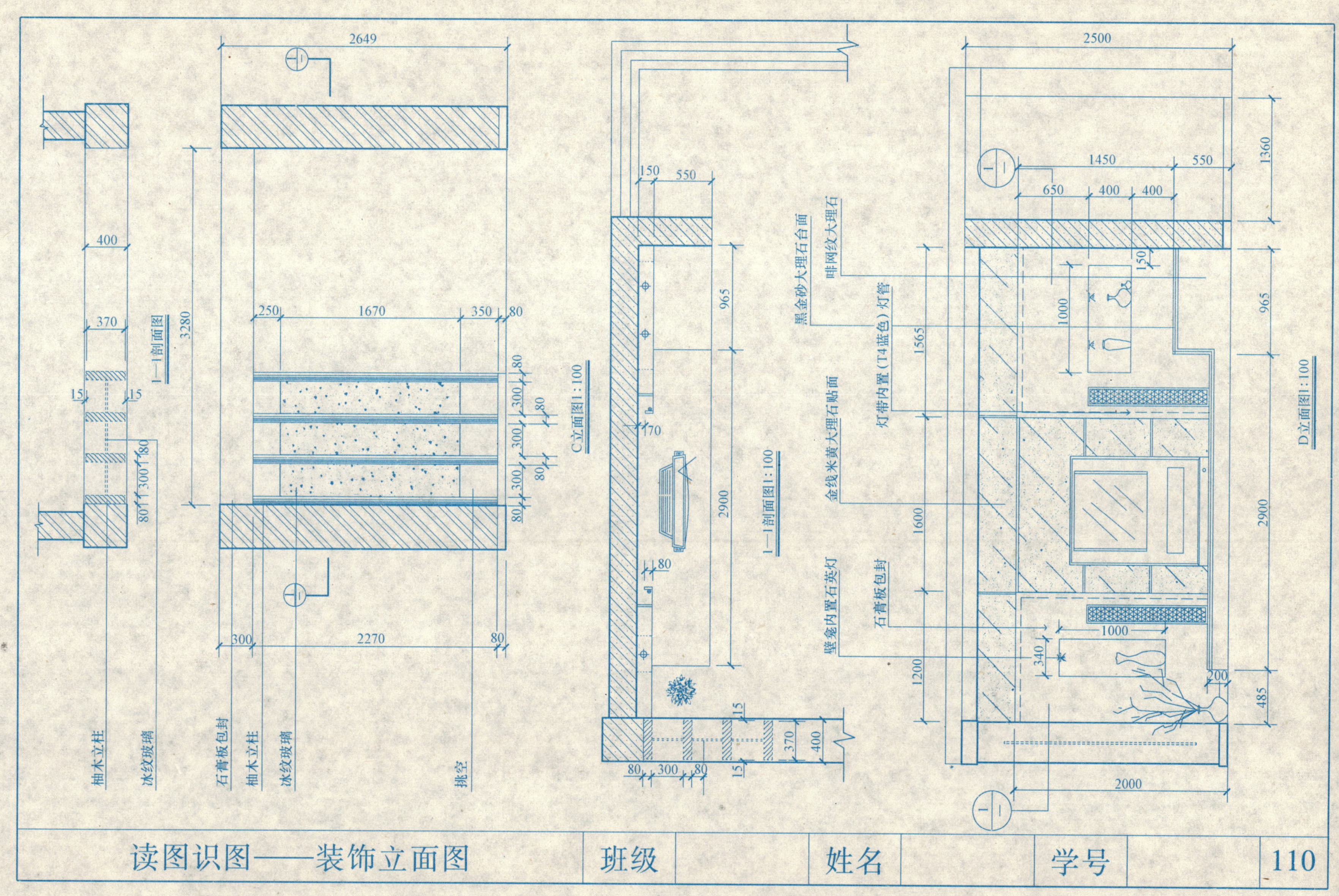
1—1剖面图
C立面图1:100
1—1剖面图1:100
D立面图1:100
柚木立柱
冰纹玻璃
石膏板包封
柚木立柱
冰纹玻璃
挑空
黑金砂大理石台面
啡网纹大理石
灯带内置（T4蓝色）灯管
金线米黄大理石贴面
壁龛内置石英灯
石膏板包封
读图识图——装饰立面图
班级
姓名
学号
110

12-1　求 A，B 两点在投影面上的落影。

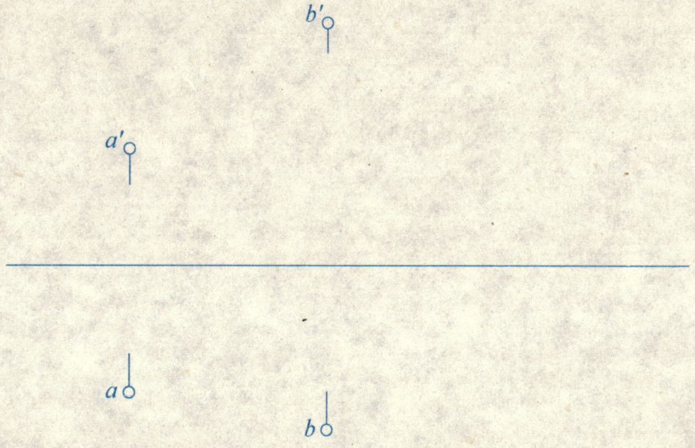

b'

a'

a

b

12-2　求 A 点在水平面 P 上的落影。

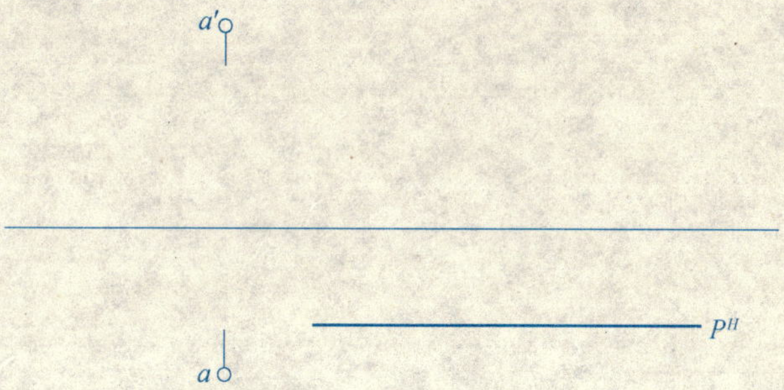

a'

P^H

a

12-3　求 A 点在正垂面 R 上的落影。

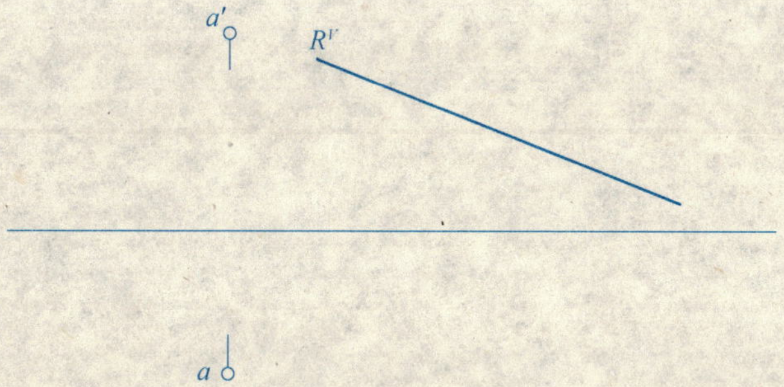

a'　R^V

a

12-4　求 B 点在一般位置平面 R 上的落影。

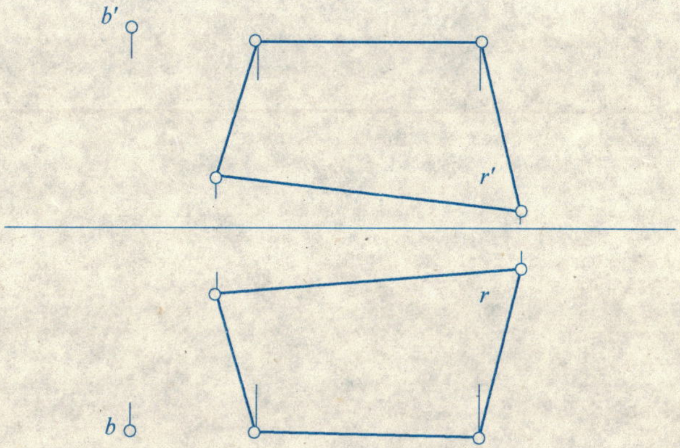

b'

r'

r

b

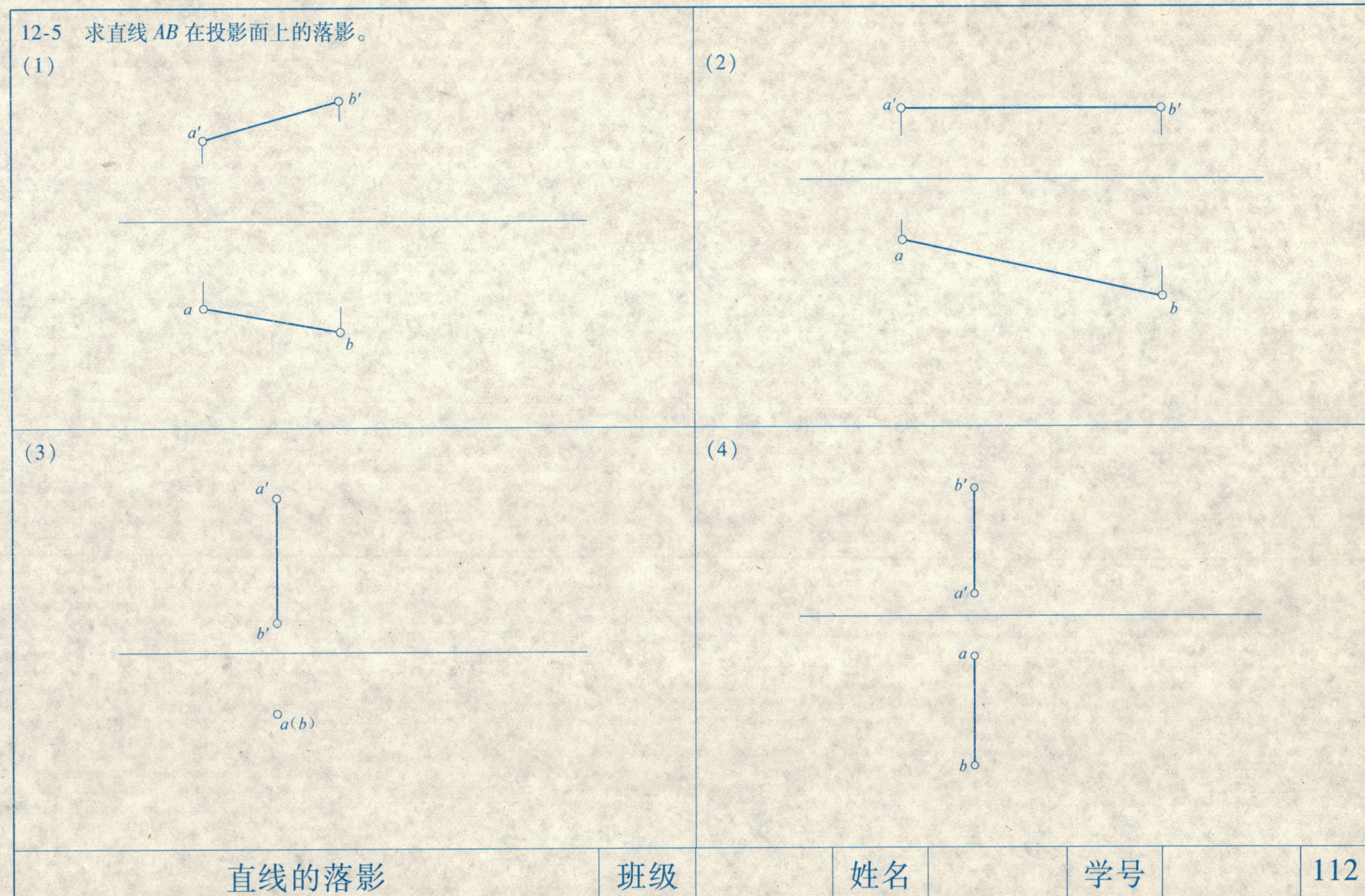
12-5 求直线 AB 在投影面上的落影。
(1)
a'
b'
a
b
(2)
a'
b'
a
b
(3)
a'
b'
a(b)
(4)
b'
a'
a
b
直线的落影
班级
姓名
学号
112

12-6 求直线 *AB* 在平面上的落影。

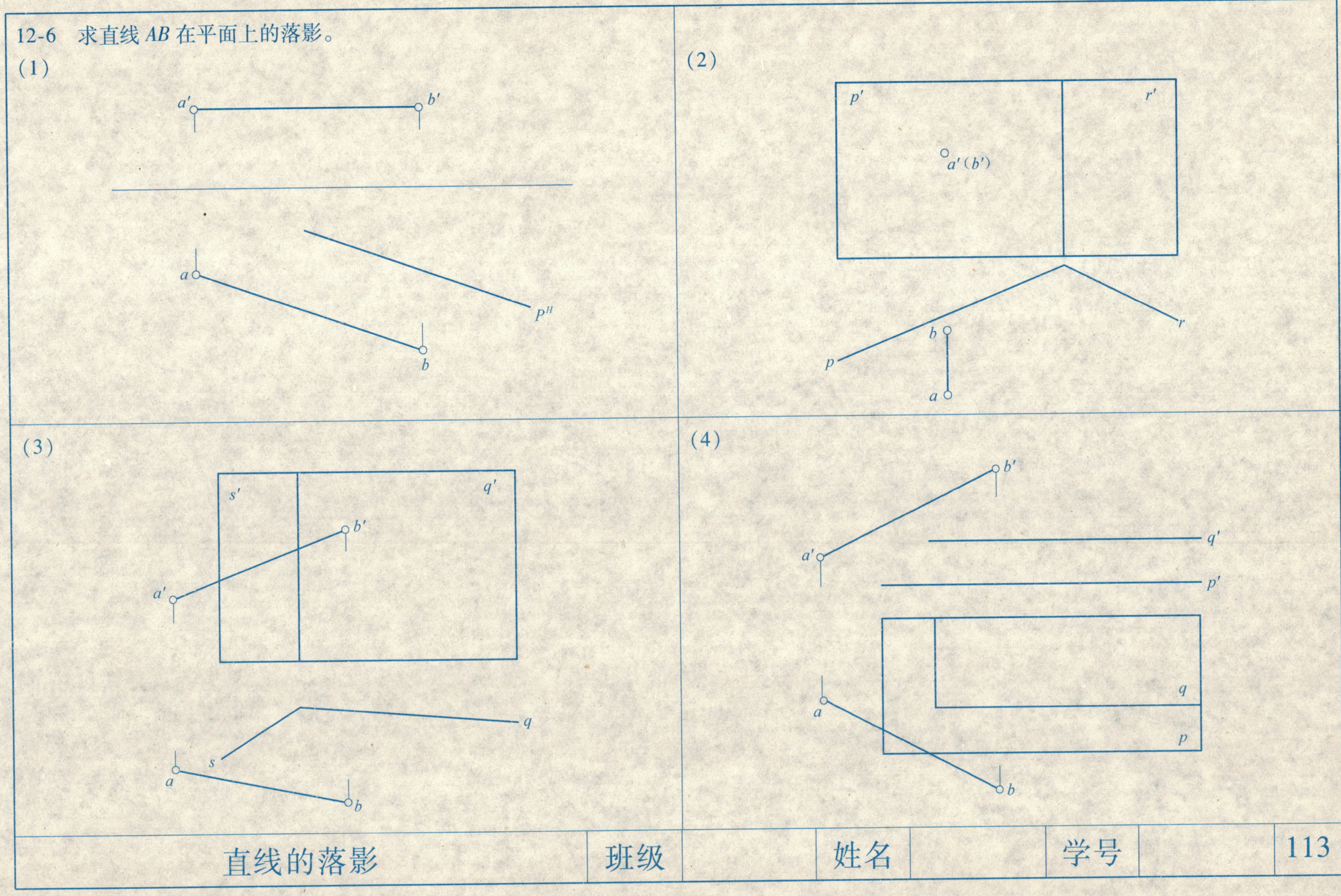

直线的落影 | 班级 | 姓名 | 学号

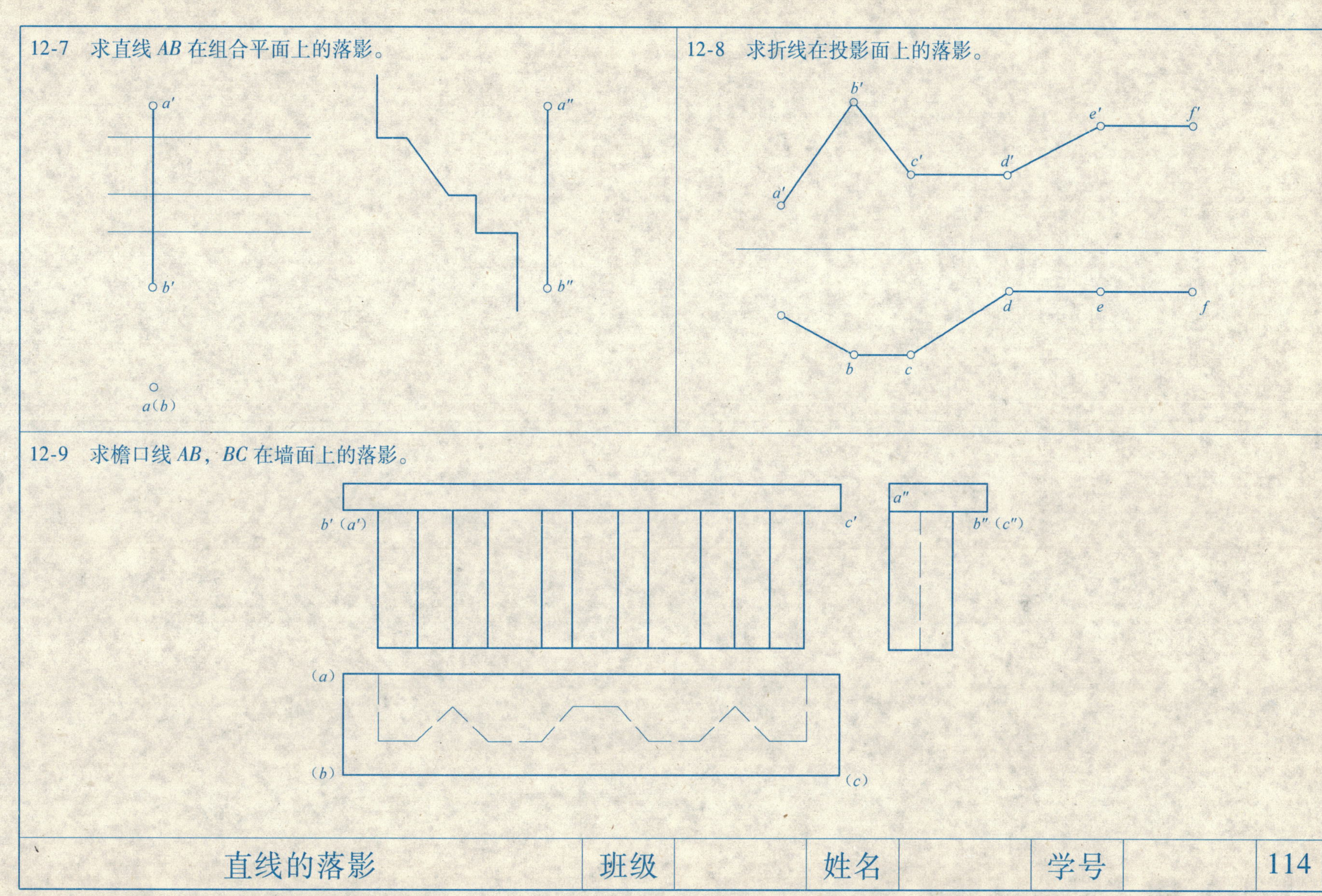

12-7 求直线 AB 在组合平面上的落影。
a′
b′
a(b)
a″
b″
12-8 求折线在投影面上的落影。
a′
b′
c′
d′
e′
f′
b
c
d
e
f
12-9 求檐口线 AB，BC 在墙面上的落影。
b′(a′)
c′
a″
b″(c″)
(a)
(b)
(c)
直线的落影
班级
姓名
学号
114

12-10　求平面图形的阴影。

12-11　求平面形体的阴影。

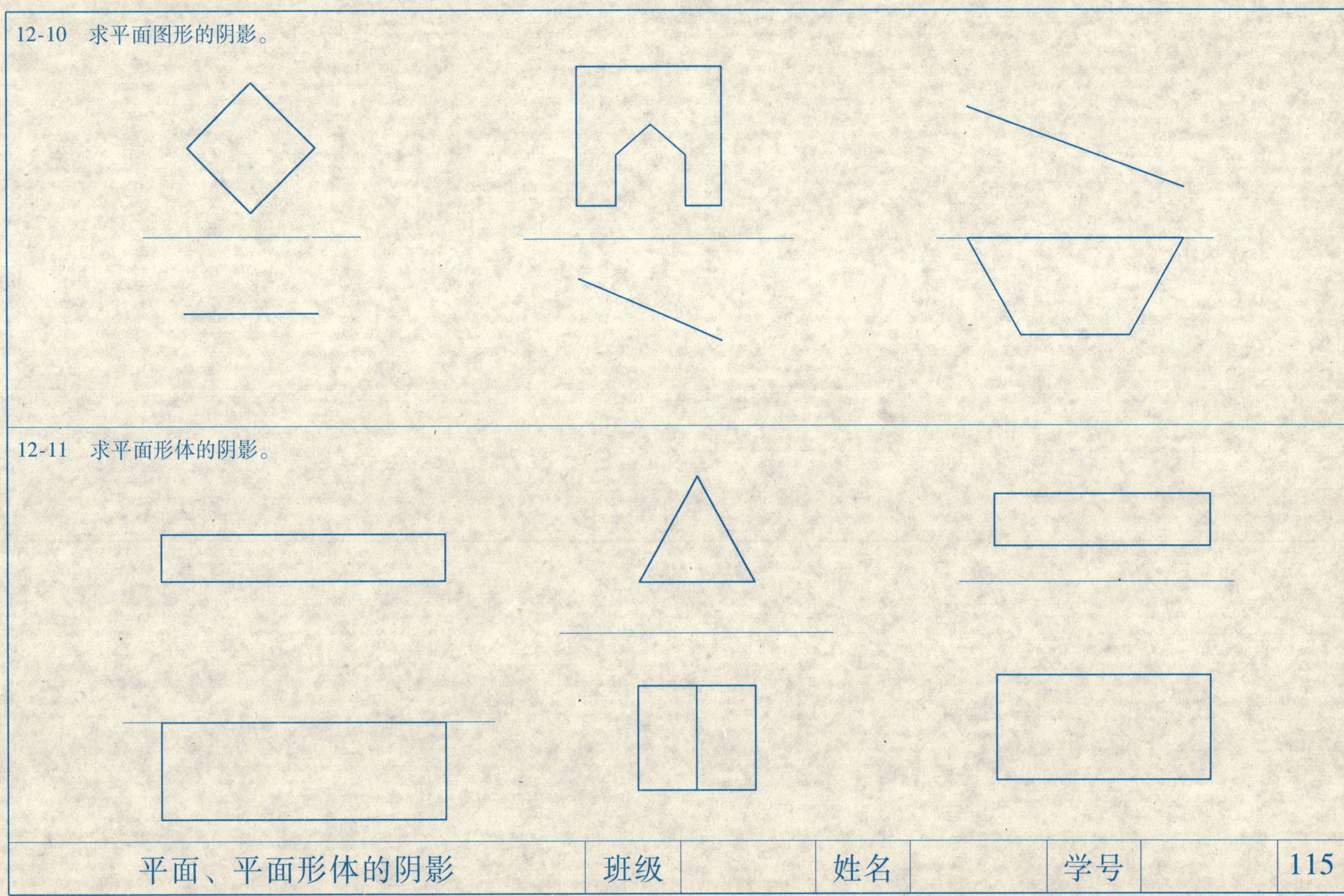

12-12　求雨篷的阴影。

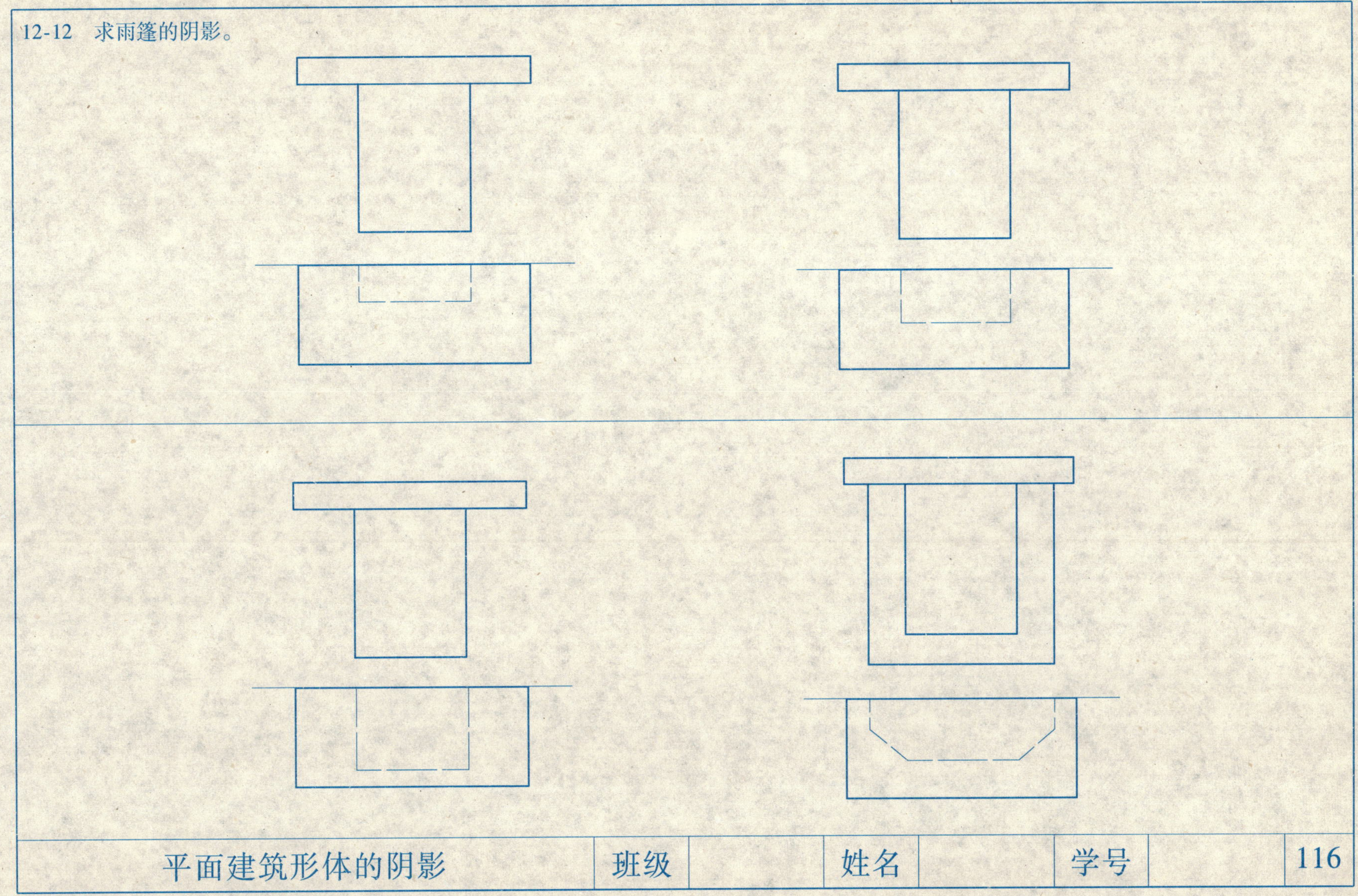

12-13 求门窗洞口的阴影。

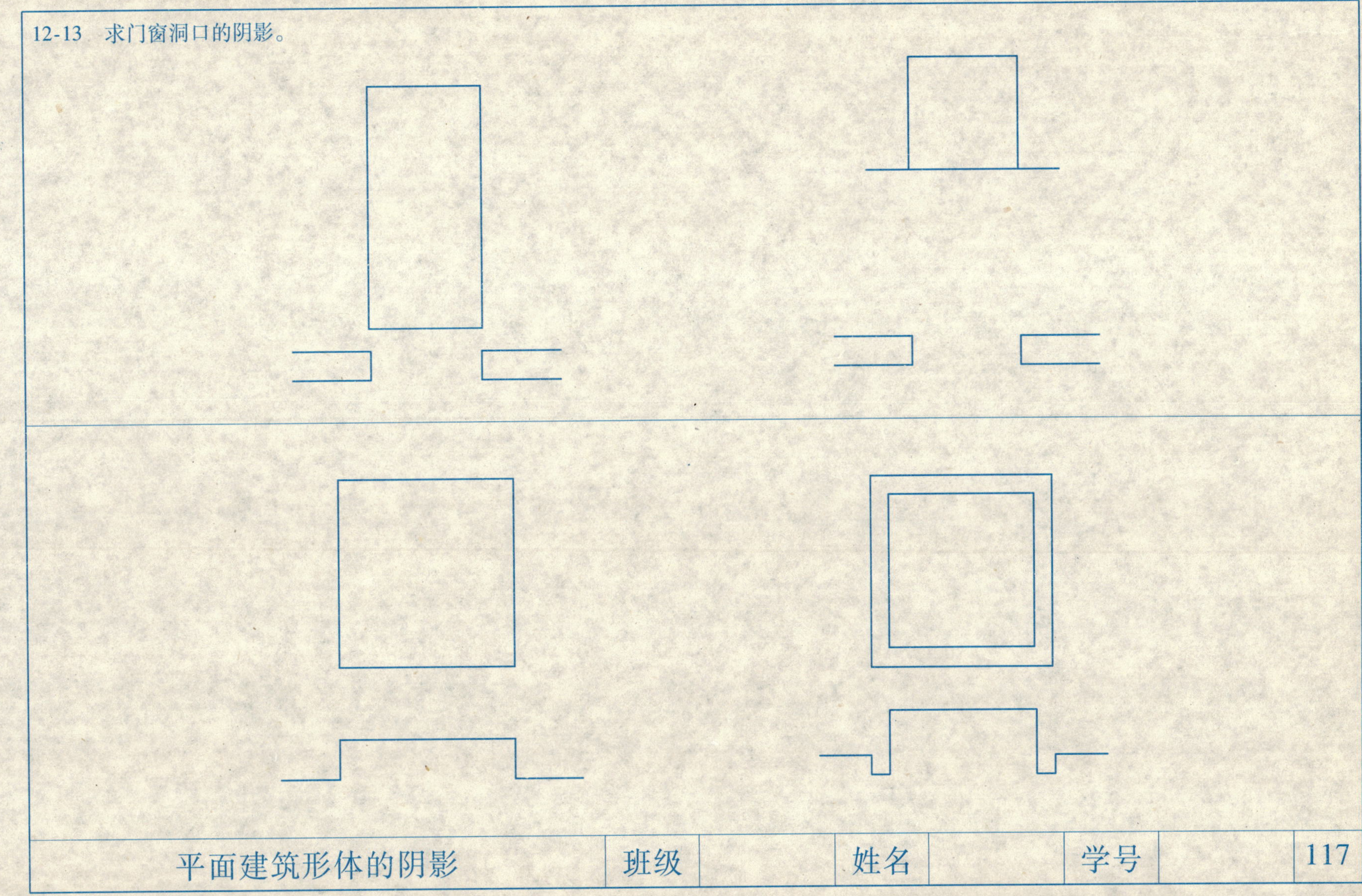

12-14 求台阶的阴影。

12-15 求建筑立面阴影。

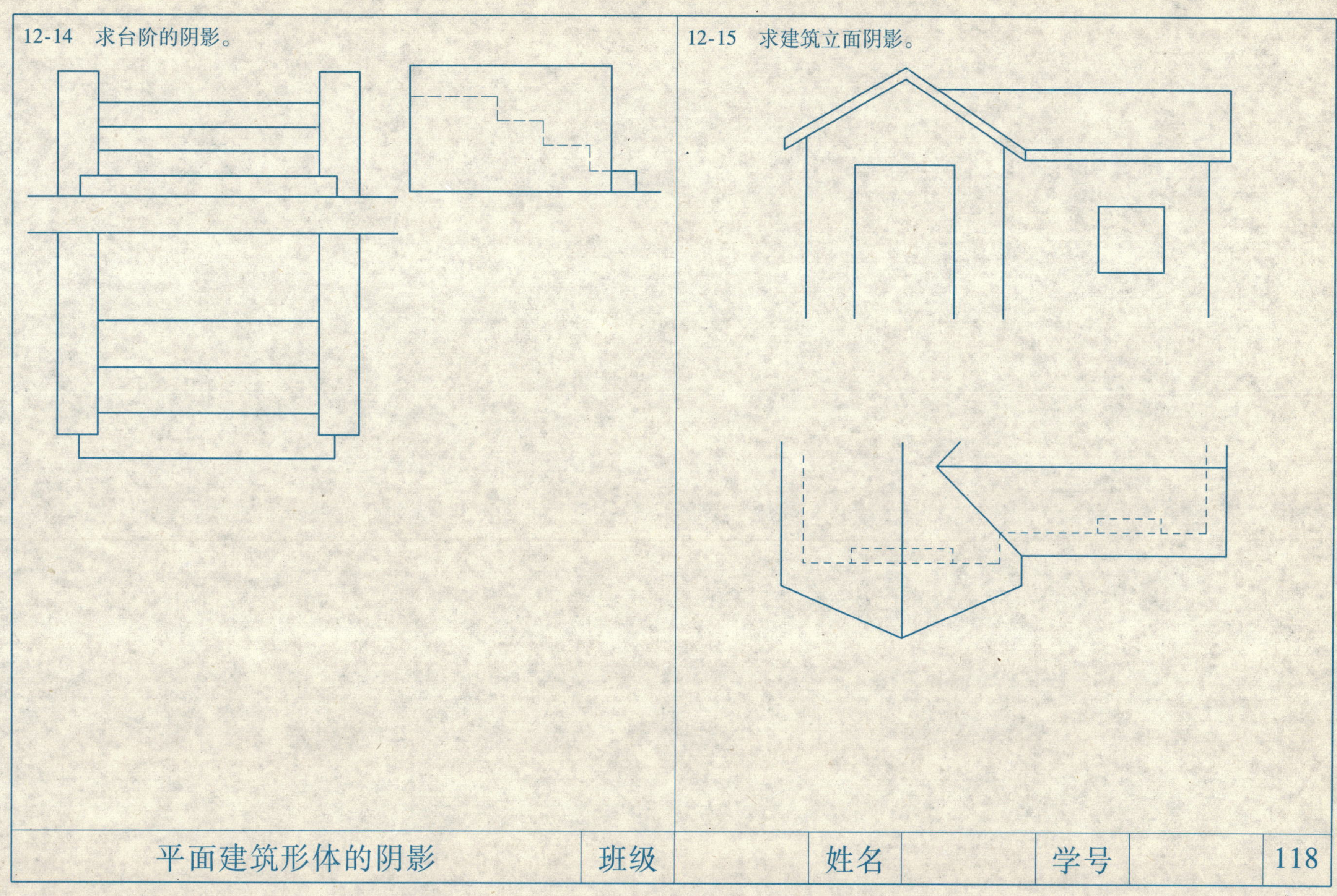

12-16　求建筑细部的阴影。

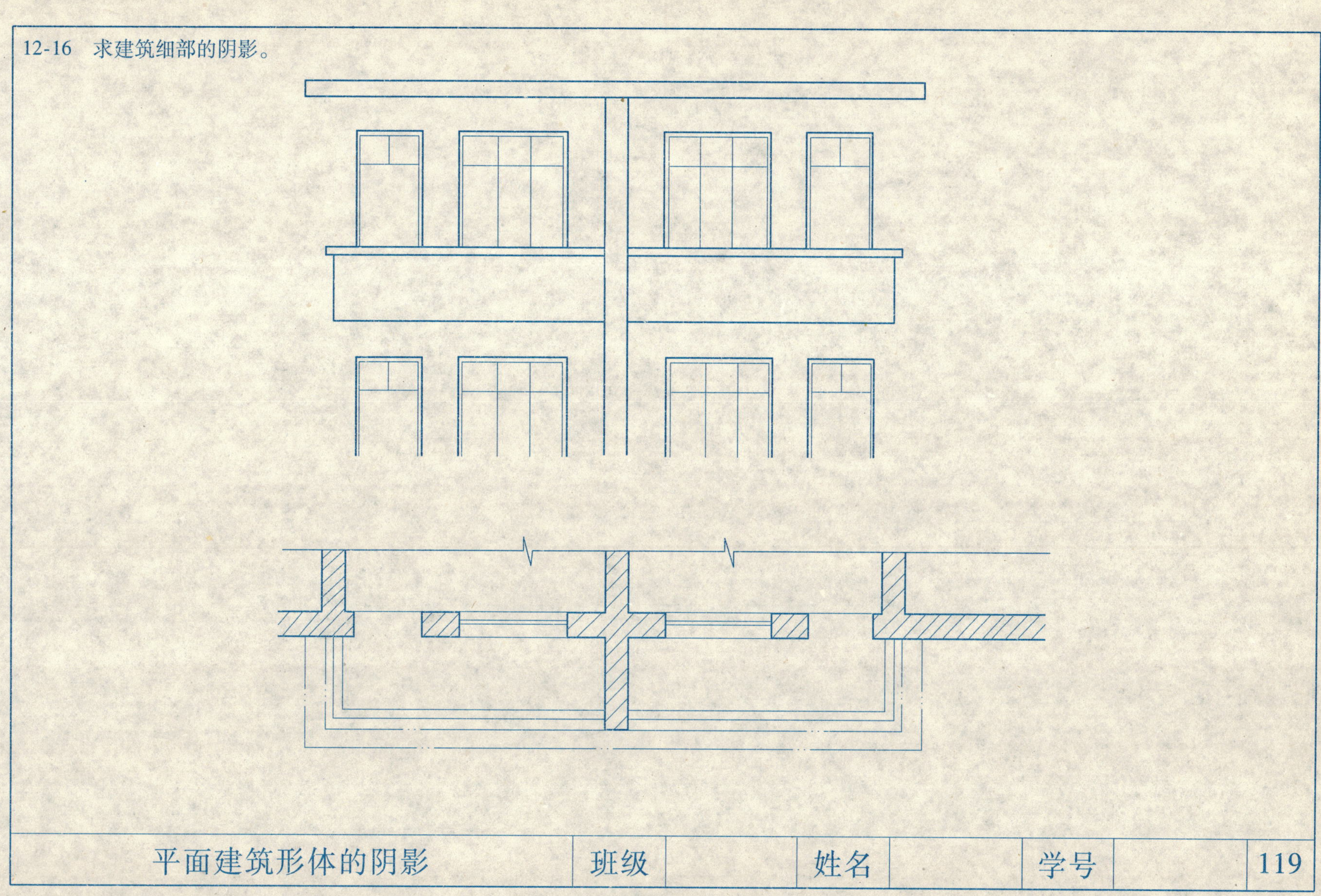

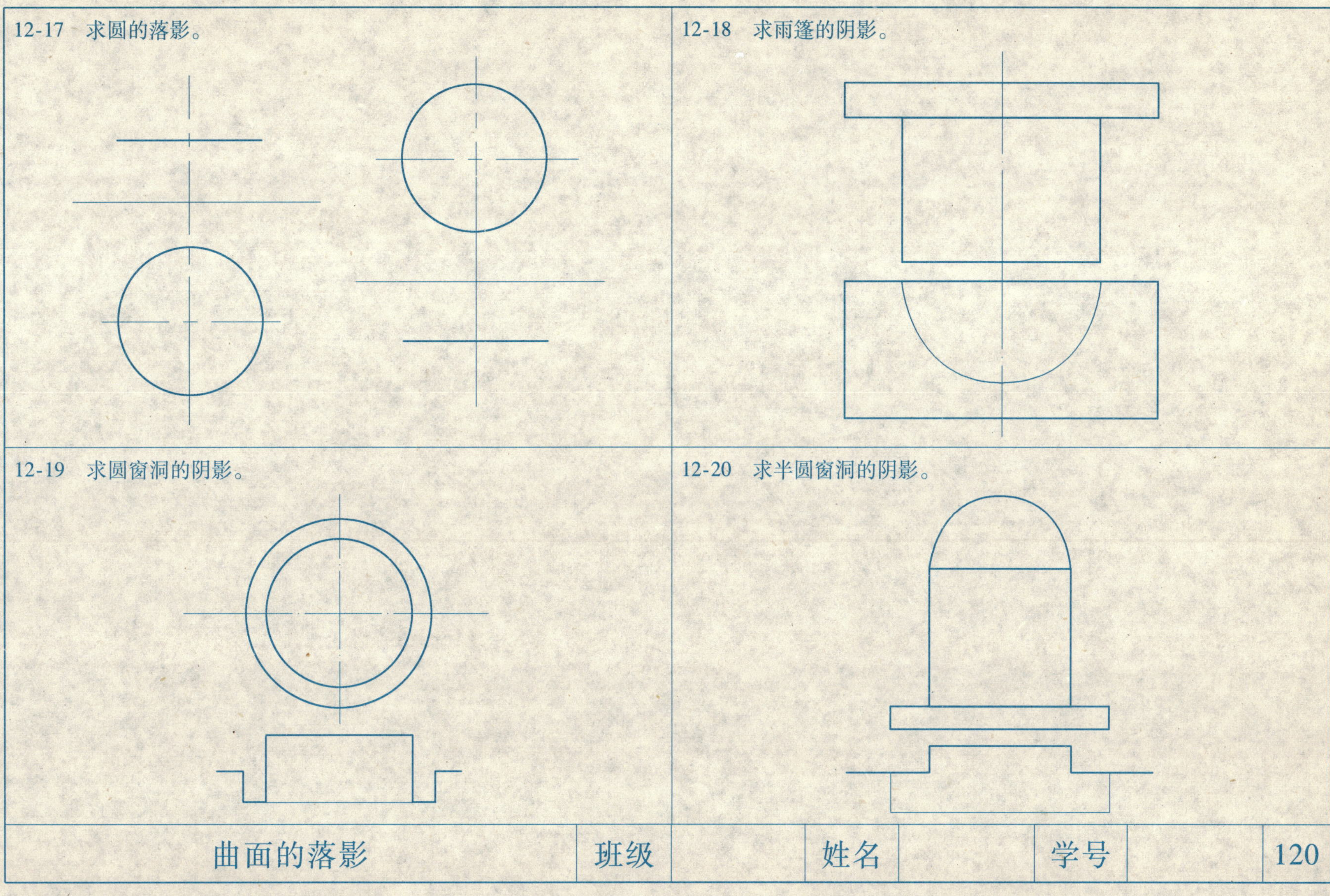
12-17　求圆的落影。
12-18　求雨篷的阴影。
12-19　求圆窗洞的阴影。
12-20　求半圆窗洞的阴影。
曲面的落影
班级
姓名
学号

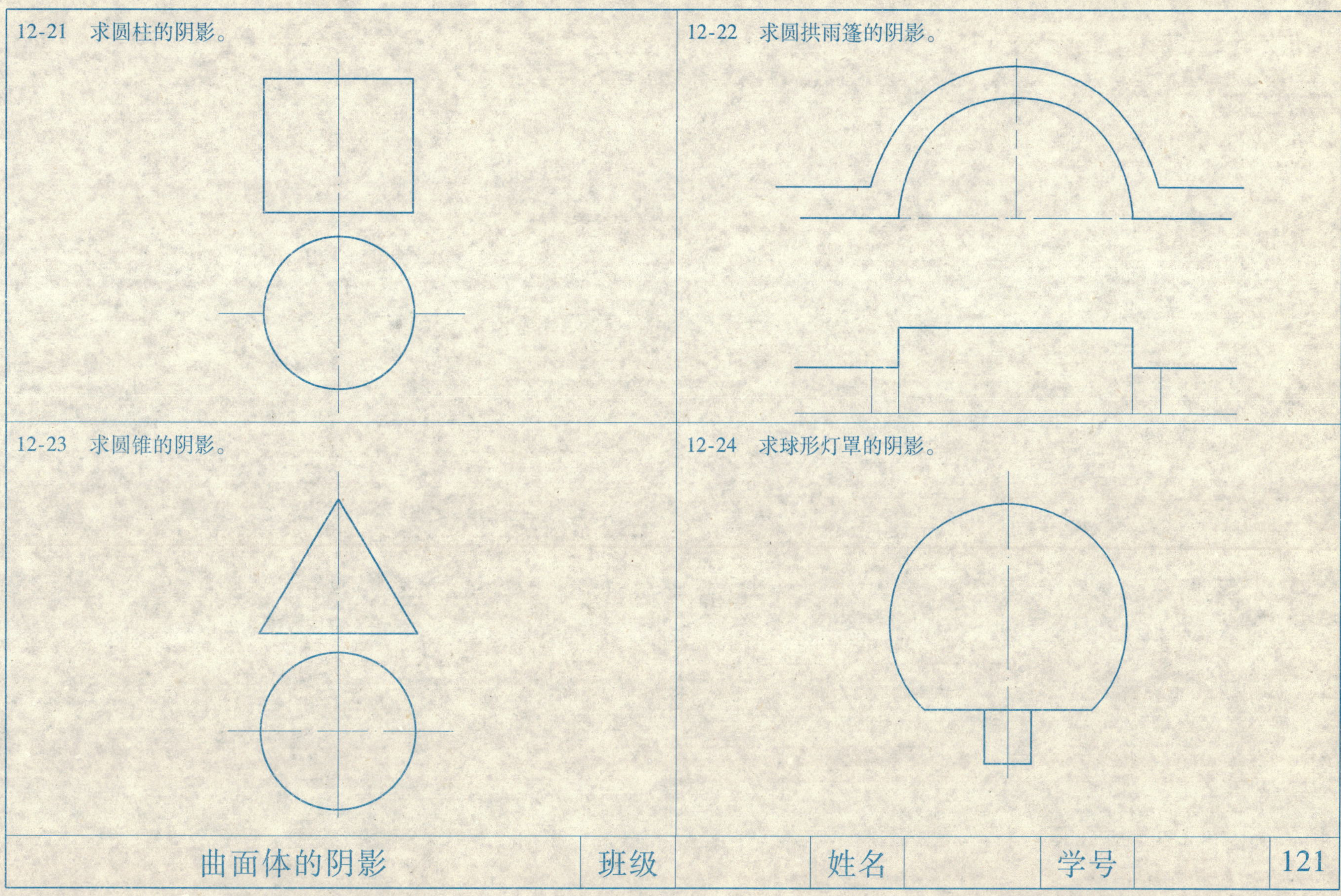
12-21 求圆柱的阴影。
12-22 求圆拱雨篷的阴影。
12-23 求圆锥的阴影。
12-24 求球形灯罩的阴影。
曲面体的阴影
班级
姓名
学号
121

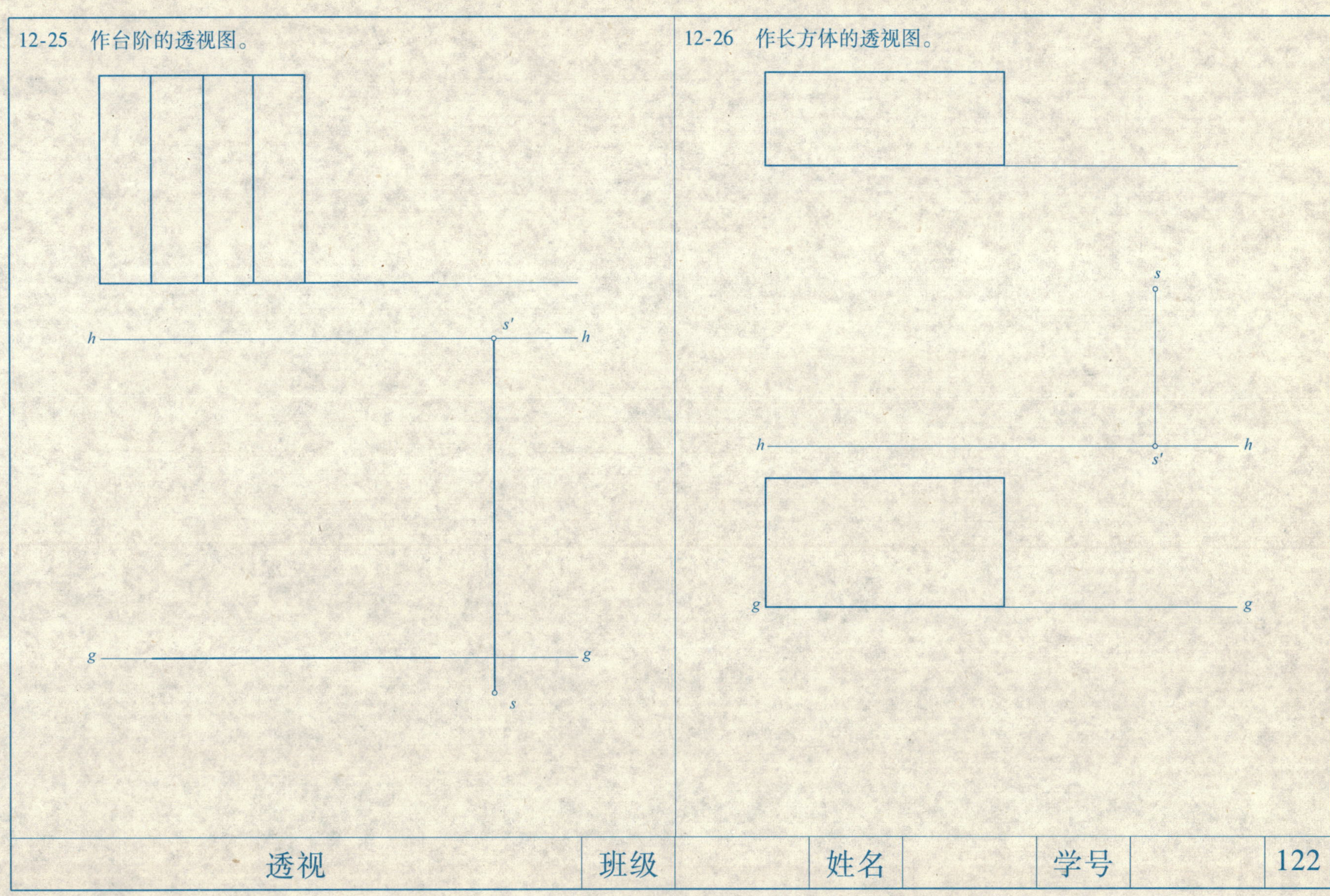
12-25 作台阶的透视图。
s′
h
h
g
g
s
12-26 作长方体的透视图。
s
h
h
s′
g
g
透视
班级
姓名
学号
122

12-27　作建筑形体的透视图。

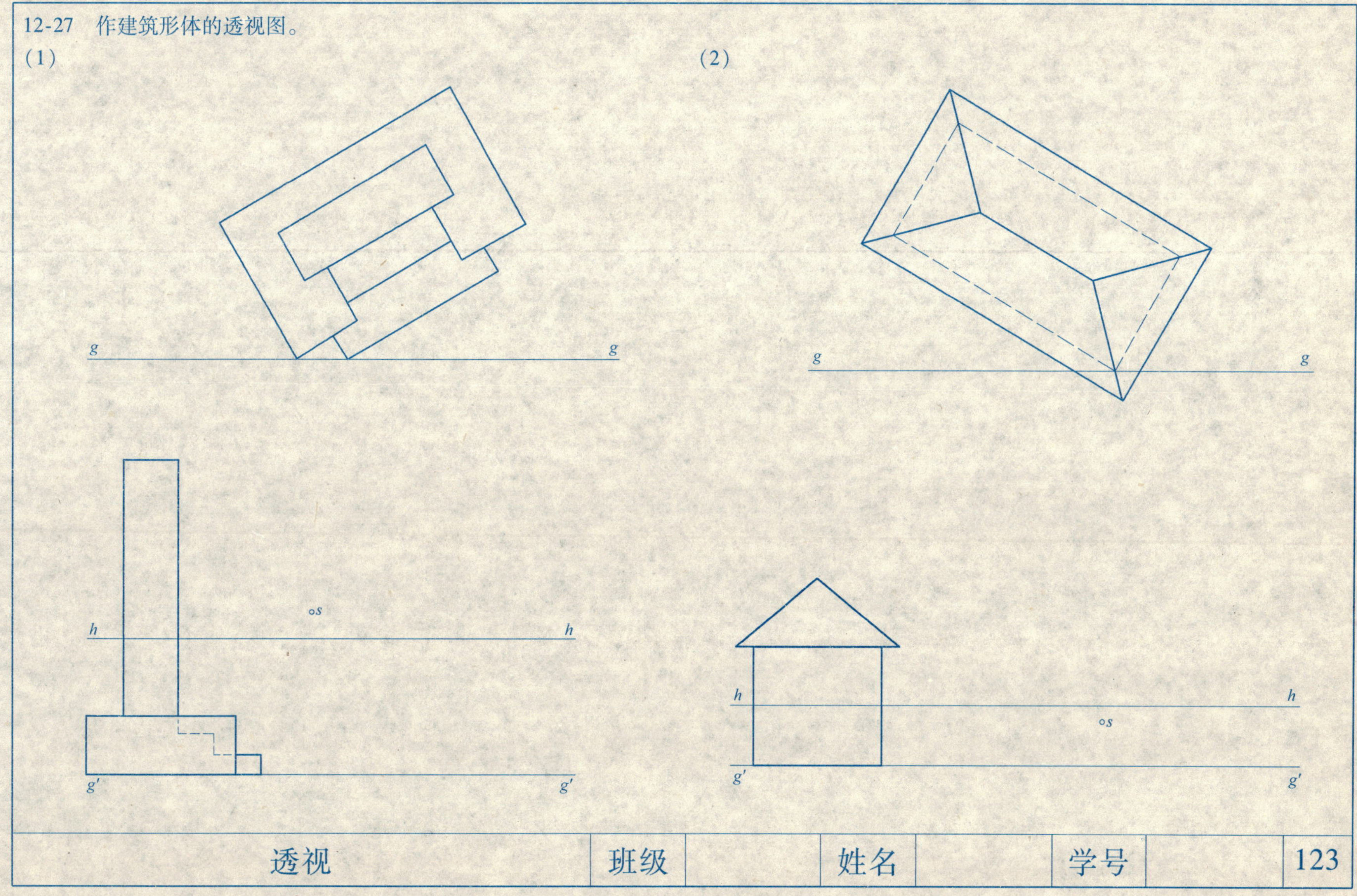

12-28 作建筑形体的透视图。

12-29 平顶房屋的透视图，放大一倍，自选站点和视平线。

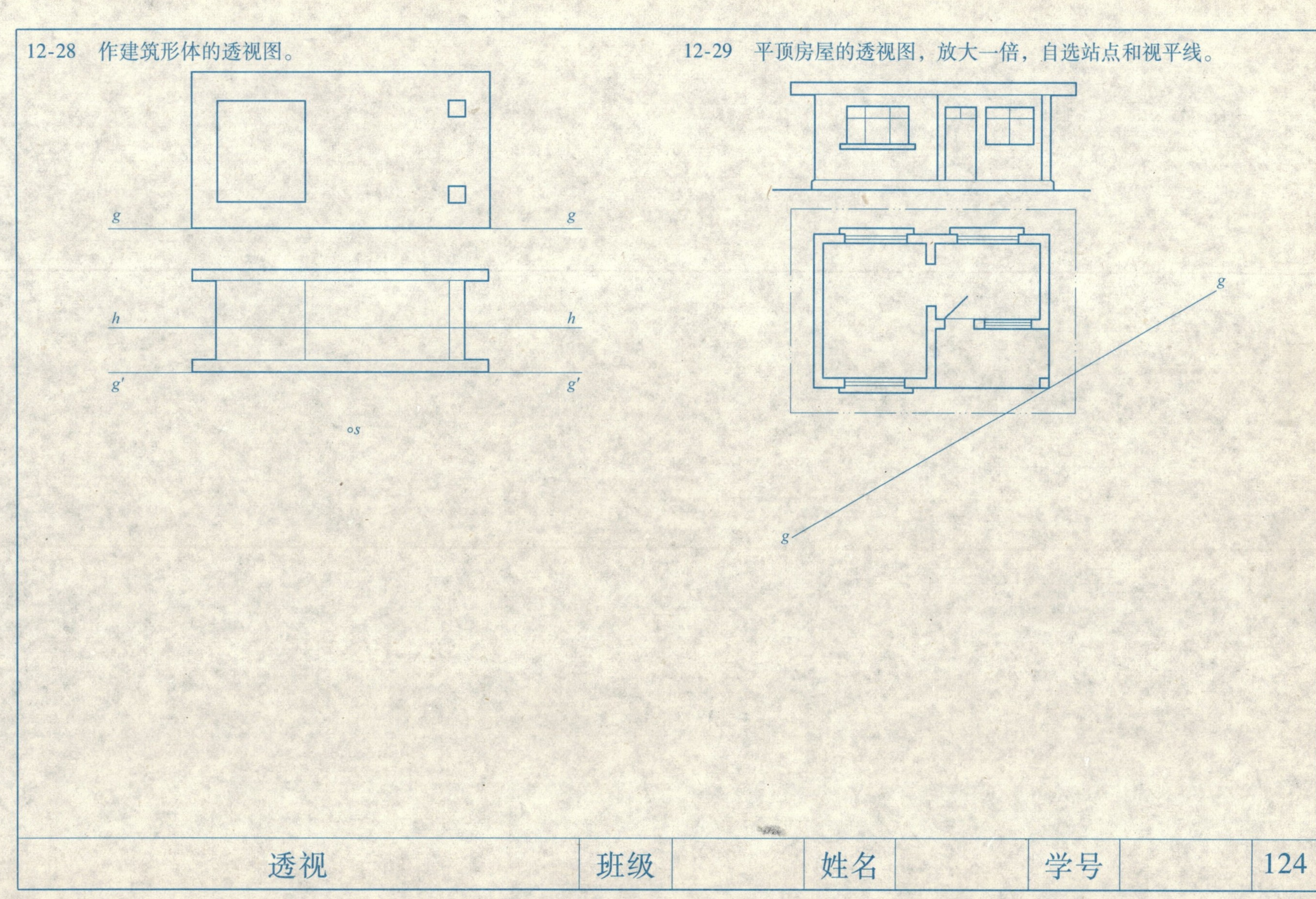